POLARIZZAZIONE ED OTTICA NON LINEARE

APPROCCIO CLASSICO

E. PIONNA

A. SPARAVIGNA

POLITECNICO DI TORINO

ISBN: 978-1-4092-5547-5

Editore: Lulu.com

Detentore dei diritti: Emanuele Pionna e Amelia Sparavigna

Copyright: © 2009 Standard Copyright License

Lingua: Italiano

Paese: Italia

INTRODUZIONE

Gli effetti non lineari in elettricità e magnetismo erano già conosciuti ai tempi di Maxwell. In ottica però, la non linearità è diventata importante solo dopo l'invenzione del laser. I primi esperimenti sulla generazione della seconda armonica sono del 1961 e sono considerati come l'inizio dell'ottica non lineare. In questi esperimenti, un fascio coerente generava un altro fascio coerente a frequenza doppia, passando attraverso un cristallo di quarzo. Dopo queste prime osservazioni, i fenomeni studiati e le teorie proposte si sono notevolmente moltiplicati.

L'ottica riguarda l'interazione della radiazione con la materia. L'ottica non lineare riguarda quei fenomeni dove la radiazione induce dei cambiamenti nelle proprietà del mezzo. Possiamo considerare tutti i mezzi come non lineari, almeno in linea di principio. La radiazione polarizza infatti anche le fluttuazioni del vuoto. In questo caso però, la non linearità è così piccola che le interazioni fotone-fotone risultano difficili da osservare. Il vuoto è quindi considerato come lineare.

In un mezzo materiale, i fotoni possono interagire tra di loro tramite la polarizzazione del dielettrico. In questo libro ci dedichiamo allo studio della polarizzazione non lineare e dell'ottica che ne deriva, con un approccio classico, iniziando con alcuni richiami sulle onde.

INDICE

1
L'OTTICA E LE ONDE

Un'onda è una perturbazione che si propaga trasportando energia e non materia. Ad eccezione delle radiazioni elettromagnetica e gravitazionale, che possono propagarsi nel vuoto, le onde esistono come deformazione elastica di un mezzo e sono dette onde elastiche.

Il mezzo in cui le onde viaggiano può essere classificato secondo le seguenti proprietà: a) mezzo lineare, se onde differenti possono essere sommate, b) mezzo limitato o illimitato, c) mezzo omogeneo, se le proprietà fisiche del mezzo non cambiano per traslazione e d) isotropo, se le proprietà fisiche del mezzo in un punto qualsiasi non cambiano per rotazione. Affermare che un mezzo è isotropo equivale a affermare che il suo comportamento è lo stesso in tutte le direzioni.

Possiamo definire un'onda come una soluzione dell'equazione d'onda. Le onde si possono classificare secondo le caratteristiche della soluzione. La Tabella 1 schematizza alcune possibili classificazioni.

Classificazione delle onde secondo:	
La propagazione	Onde piane, sferiche, cilindriche
Le dimensioni del mezzo	Onde uni-, bi-, tridimensionali
La polarizzazione	Longitudinali, trasversali, circolari, ellittiche
Il parametro fisico	Onde di spostamento, di velocità, di densità, di pressione, di energia
La forma	Impulsiva, periodica

TABELLA 1

Le onde sono funzioni delle coordinate spaziali e del tempo. Sappiamo dall'analisi armonica che una funzione periodica può essere decomposta in termini di componenti armoniche e questo ci permette di rappresentare le onde come onde periodiche. In questo caso la caratteristica comune è la periodicità identificata dal periodo T. Esso è strettamente legato alla frequenza ν, numero di periodi per unità di tempo. Nel caso la perturbazione iniziale sia impulsiva o, in generale, non periodica, l'analisi ci permette ancora di rappresentarla attraverso una somma infinita di funzioni periodiche.

1.1 ONDA MONOCROMATICA

Un'onda monocromatica è rappresentata da una funzione con dipendenza temporale armonica. In ogni punto dello spazio una funzione armonica oscilla come una funzione seno o coseno. Tuttavia l'ampiezza d'oscillazione e la fase possono cambiano di punto in punto:

$$u(\vec{r},t) = a(\vec{r})\,cos\big[2\pi\nu\,t + \varphi(\vec{r})\big] \tag{1.1}$$

dove $\vec{r}$ è il vettore posizione, ν è la frequenza. La funzione si può scrivere nella rappresentazione complessa come:

$$U(\vec{r},t) = a(\vec{r})\,e^{i\varphi(\vec{r})}e^{i2\pi\nu t} = O(\vec{r})\,e^{i2\pi\nu t} \tag{1.2}$$

e quindi: $u(\vec{r},t) = Re\{U(\vec{r},t)\} = \dfrac{1}{2}\big[U(\vec{r},t) + U(\vec{r},t)^{*}\big]$. In (1.2) definiamo $O(\vec{r})$ come l'ampiezza della funzione d'onda in rappresentazione complessa $O(\vec{r}) = a(\vec{r})\,e^{i\varphi(\vec{r})}$. Ogni funzione d'onda è tale perché soddisfa l'equazione di d'Alembert[1] che è:

$$\nabla^2 u - \frac{1}{c^2}\frac{\partial^2 u}{\partial t^2} = 0 \tag{1.3}$$

---

[1] Jean le Rond d'Alembert (16 Novembre 1717 – 29 Ottobre 1783) è stato un matematico, fisico e filosofo francese. Fu anche coeditore con Denis Diderot de l'Encyclopédie.

Per l'onda monocromatica, l'equazione d'onda diventa l'equazione di Helmoltz:

$$\nabla^2 O + k^2 O = 0 \qquad (1.4)$$

dove $c = c_o / n$ e $k = 2\pi\nu / c = n k_o$. Il pedice $_o$ indica la quantità nel vuoto. Il vettore $\vec{k}$ è il vettore numero d'onda. Particolari funzioni d'onda sono l'onda piana, l'onda sferica, l'onda parassiale, che, oltre a essere armoniche nel tempo, sono armoniche anche nello spazio, cioè hanno una forma del tipo $A_o cos(\omega t - \vec{k} \cdot \vec{r})$:

(piana): $\qquad\qquad\qquad O(\vec{r}) = A_o\, e^{(-i\vec{k}\cdot\vec{r})} \qquad\qquad (1.5)$

(sferica): $\qquad\qquad\qquad O(\vec{r}) = \left(\dfrac{A_o}{r}\right) e^{(-i\vec{k}\cdot\vec{r})} \qquad (1.6)$

(parassiale): $\qquad\qquad\quad O(\vec{r}) = A_o(r)\, e^{(-ikz)} \qquad\qquad (1.7)$

$O(\vec{r})$ è detto inviluppo complesso dell'onda ed $\omega = 2\pi\nu$ è la frequenza angolare.

1.1.1 ONDA PIANA, SFERICA E PARASSIALE

Una funzione d'onda rappresenta un'onda piana tutte le volte che la sua ampiezza $a(\vec{r})$ è costante e che la sua fase $\varphi(\vec{r})$ è lineare nel vettore $\vec{r}$, cioè: $\varphi(\vec{r}) = -\vec{k}\cdot\vec{r} + \varphi$; infatti in tal caso si ottiene:

$$O(\vec{r}) = a(\vec{r})\, e^{i\varphi(\vec{r})} = a e^{\left[-i\vec{k}\cdot\vec{r}\right]} e^{\left[i\varphi\right]} = A e^{\left[-i\vec{k}\cdot\vec{r}\right]} \qquad (1.8)$$

dove $A = a\, e^{\left[i\varphi\right]}$. La funzione d'onda reale è del tipo:

$$u(\vec{r},t) = a(\vec{r}) cos\left[2\pi\nu t + \varphi(\vec{r})\right] = a\, cos\left[2\pi\nu t - \vec{k}\cdot\vec{r} + \varphi\right]. \qquad (1.9)$$

L'onda si propaga nella direzione del vettore $\vec{k}$. Se la direzione di propagazione e quindi la direzione del vettore $\vec{k}$ è parallela a z si ha:

$$u(\vec{r},t) = a\,cos[2\pi v\,t - kz + \varphi]$$ (1.10)

ed in notazione complessa:

$$U(\vec{r},t) = A\,e^{[i(2\pi vt - kz)]} = A\,e^{\left[i2\pi v\left(t - \frac{z}{c}\right)\right]}$$ (1.11)

dove $k = 2\pi v / c$. Per l'onda piana, il fronte d'onda è un piano.

Una funzione d'onda rappresenta un'onda sferica tutte le volte che la sua ampiezza $a(r)$ varia come $1/r$ e che la sua fase $\varphi(\vec{r})$ è lineare nel modulo del vettore $\vec{r}$, cioè: $\varphi(\vec{r}) = -\vec{k}\cdot\vec{r} + \varphi$.

Un'onda è sferica se il suo fronte d'onda è una sfera. Ciò vuol dire che un'onda sferica è tale quando la sorgente dell'onda è puntiforme in modo che il fronte d'onda si propaghi in proporzione alla distanza r dalla sorgente. Naturalmente poiché per quanto piccola, una sorgente non è mai puntiforme al finito, anche questo modello è soggetto ad approssimazione fisica.

Ricordiamo che le autofunzioni possibili dell'equazione di Helmholtz[2] nello spazio libero portano a propagazioni con onde che presentano una estensione infinita. Esistono delle funzioni, che non sono autofunzioni dell'equazione di Helmholtz, utilizzate per lavorare negli spazi limitati. Queste funzioni sono state sviluppate dopo la scoperta della radiazione coerente, cioè della luce laser. Un laser infatti genera un fascio di luce molto ben collimato.

Questi fasci, chiamati Gaussiani, possiedono una distribuzione di campo ottico prevalentemente trasverso con una debole dipendenza dalla coordinata (z)

---

[2] Hermann Ludwig Ferdinand von Helmholtz (31 Agosto 1821– 8 Settembre 1894) è stato un medico e fisico tedesco. E' conosciuto in fisiologia e psicologia per i suoi studi sull'occhio e l'udito. In fisica, è conosciuto per le teorie sulla conservazione dell'energia in termodinamica ed elettrodinamica.

scelta per la propagazione. Le soluzioni si possono ottenere partendo da un fronte d'onda sferico o piano ed applicando un'approssimazione parassiale, evidenziando così il termine di propagazione in z.

Per costruire un'onda parassiale si parte da un'onda piana, che si propaga lungo z, Ae^{-ikz} e la si modula lentamente $A(\vec{r})$ in $\vec{r}$.

L'Equazione di Helmoltz diventa:

$$\nabla_T^2 A - i2k\frac{\partial A}{\partial z} = 0 \qquad\qquad (1.12)$$

dove $\nabla_T^2 = \dfrac{\partial^2}{\partial x^2} + \dfrac{\partial^2}{\partial y^2}$ è l'operatore Laplaciano[3] trasversale e si annulla se A è funzione della sola z. Due tipi particolari di onde parassiali sono le onde paraboloidali e le onde gaussiane:

paraboloidali: $\quad O(\vec{r}) = \left(\dfrac{A}{z}\right) e^{\left[\frac{-ik\rho^2}{2z}\right]} e^{(-ikz)}$, con $\rho^2 = x^2 + y^2$

guassiane: $\quad O(\vec{r}) = \left(\dfrac{A}{q(z)}\right) e^{\left[\frac{-ik\rho^2}{2q(z)}\right]} e^{(-ikz)}$, con $\rho^2 = x^2 + y^2$, $q(z) = z + iz_0$

1.1.2 LA POLARIZZAZIONE DELLE ONDE

Il campo elettrico per un'onda monocromatica è dato da:

---

[3] Pierre-Simon, Marchese di Laplace (23 Aprile 1749 – 5 Marzo 1827) è stato un matematico ed atronomo francese. I suoi studi sono stati fondamentali per la matematica, l'atronomia e la statistica. E' autore de "La Meccanica Celeste". In statistica, la cosiddetta interpretazione Bayesiana della probabilità è dovuta principalmente a Laplace. Nel 1831 ha ottenuto la cattedra di matematica e fisica presso l'Università di Torino.

$$\vec{E}(\vec{r},t) = \vec{a}(\vec{r})\,cos[2\pi\nu t + \varphi(\vec{r})] = Re\{\vec{E}(\vec{r},t)\} =$$
$$= Re\{\vec{a}(\vec{r})\,e^{(i\varphi(\vec{r}))}e^{(i2\pi\nu t)}\} = Re\{\vec{E}(\vec{r})\,e^{(i2\pi\nu t)}\}$$

(1.13)

L'ampiezza deve essere un vettore, perché il campo è un campo vettoriale. Se l'onda è piana e viaggia in direzione z:

$$\vec{E}(\vec{r},t) = \vec{a}\,cos[2\pi\nu t - kz + \varphi] = \vec{A}\,e^{[i(2\pi\nu t - k z)]}$$

(1.14)

La polarizzazione della luce è determinata dall'evoluzione temporale della direzione del campo elettrico $\vec{E}$ nello spazio. Per la luce monocromatica le tre componenti di $\vec{E}$ variano sinusoidalmente nel tempo con la stessa frequenza ν ma con fase e ampiezza differenti. Per un'onda piana che viaggia in direzione z, la componente z è nulla e il campo elettrico totale $\vec{E}$ rimane:

$$\vec{E}(z,t) = E_x\hat{x} + E_y\hat{y} = a_x\,cos[2\pi\nu t - kz + \varphi_x]\hat{x} + a_y\,cos[2\pi\nu t - kz + \varphi_y]\hat{y} =$$

$$= Re\{(A_x\hat{x} + A_y\hat{y})e^{[i(2\pi\nu t - kz)]}\}$$

(1.15)

dove $\hat{x}$ e $\hat{y}$ sono versori.

Quindi: $\vec{A} = A_x\hat{x} + A_y\hat{y} = a_x e^{\varphi_x}\hat{x} + a_y e^{\varphi_y}\hat{y}$.

1.1.3 INTENSITA' OTTICA
Il campo elettrico è quindi definito da:

$$\vec{E}(\vec{r},t) = Re\,\vec{E}(\vec{r},t) = Re\{\vec{E}(\vec{r})e^{(i\omega t)}\}$$

(1.16)

L'intensità dell'onda piana è data dall'espressione:

$$I = \frac{< 2\vec{E}^2(\vec{r},t) >}{2\eta} = \frac{\left|\vec{E}(\vec{r})e^{(i\omega t)}\right|^2}{2\eta} = \frac{\left|\vec{E}(\vec{r})\right|^2}{2\eta} = \frac{\left|\vec{A}e^{\left[-i\vec{k}\cdot\vec{r}\right]}\right|^2}{2\eta} = \frac{\left|\vec{A}\right|^2}{2\eta} \qquad (1.17)$$

dove $\eta = \dfrac{\eta_0}{n} = \dfrac{(\mu_o/\varepsilon_o)^{1/2}}{n} = 377\dfrac{\Omega}{n}$ è l'impedenza del mezzo, ossia quella

del vuoto divisa per l'indice di rifrazione. Il flusso di fotoni è: $\Phi_\omega = I_\omega/\hbar\omega$.

1.1.4 SLOWLY VARYING ENVELOPE APPROXIMATION (SVEA)

Se l'ampiezza complessa dell'onda varia lentamente lungo z si può utilizzare un'approssimazione. Coem vedremo in seguito, questa approssimazione è molto utile per risolvere le equazioni dell'ottica non lineare.

Se su una distanza pari alla lunghezza d'onda λ risulta $\Delta A = (\partial A/\partial z)\Delta z = (\partial A/\partial z)2\pi/k \ll A$, allora si può considerare $(\partial A/\partial z) \ll kA$ e anche $(\partial^2 A/\partial z^2) \ll k^2 A$. Applicando queste relazioni si ottiene che:

$$(\nabla^2 + k^2)\vec{E}(\vec{r}) = (\nabla^2 + k^2)\vec{A}(\vec{r})e^{-i\vec{k}\cdot\vec{r}} \approx \nabla_T^2 A - i2k\frac{\partial A}{\partial z}e^{-i\vec{k}\cdot\vec{r}} = -i2k\frac{\partial A}{\partial z}e^{-i\vec{k}\cdot\vec{r}}$$
$$(1.18)$$

dove $\nabla^2_T = \partial^2/\partial x^2 + \partial^2/\partial y^2$ è l'operatore Laplaciano trasversale e si annulla se A è funzione della sola z.

1.2 DA MAXWELL ALLE ONDE ELETTROMAGNETICHE

L'elettromagnetismo è deducibile dalle equazioni di Maxwell[4], più le equazioni che legano i vettori di campo alle proprietà del mezzo.

---

[4] James Clerk Maxwell (13 Giugno 1831 – 5 Novembre 1879) è stato un matematico e fisico teorico scozzese. Ha sviluppato la teoria classica dell'elettromagnetismo, sintetizzando tutte le precedenti osservazioni teoriche e sperimentali su elettricità e magnetismo. Il lavoro di Maxwell è considerato come la seconda grande unificazione in fisica, dopo la prima oparata da Isaac Newton.

Le equazioni di Maxwell sono:

$$\nabla \times \vec{E} + \frac{\partial \vec{B}}{\partial t} = 0 \,; \quad \nabla \times \vec{H} - \frac{\partial \vec{D}}{\partial t} = \vec{J} \,; \quad \nabla \cdot \vec{D} = \rho \,; \quad \nabla \cdot \vec{B} = 0 \qquad (1.19)$$

Le grandezze ρ e $\vec{J}$ possono essere considerate le sorgenti dei campi $\vec{E}$ e $\vec{B}$. Le equazioni che legano i quattro vettori di campo alle proprietà del mezzo sono dette equazioni del materiale: $\vec{D} = \varepsilon_0 \vec{E} + \vec{P}$, $\vec{B} = \mu_0 \vec{H} + \vec{M}$.

Ipotesi comune per l'ottica è che $\vec{M} = 0$. In regime lineare della dipendenza di $\vec{P}$ da $\vec{E}$, si ha $\vec{P} = \varepsilon_o \chi \vec{E}$ e quindi $\vec{D} = \varepsilon_o (1 + \chi) \vec{E} = \varepsilon \vec{E}$ dove χ e ε sono tensori di rango 2.

Nelle regioni di spazio in cui $\vec{J} = 0$ e $\rho = 0$, si hanno i campi elettromagnetici come onde elettromagnetiche.

Se il mezzo è isotropo ed omogeneo allora:

$$\nabla^2 \vec{E} - \mu_0 \varepsilon \frac{\partial^2 \vec{E}}{\partial t^2} = 0 \qquad (1.20)$$

che è l'equazione delle onde e che ha come soluzioni onde elettromagnetiche con velocità $c = 1 / \sqrt{\mu_o \varepsilon}$.

È possibile calcolare la densità istantanea di energia U e il flusso istantaneo di energia $\vec{S}$ (vettore di Poynting[5]) associati ad un campo elettromagnetico, secondo le relazioni: $U = \frac{1}{2} \left(\vec{E} \cdot \vec{D} + \vec{B} \cdot \vec{H} \right)$, $\vec{S} = \vec{E} \times \vec{H}$.

---

[5] John Henry Poynting (Manchester, 9 Settembre 1852 – Birmingham, 30 Marzo 1914) è stato un fisico inglese, professore di fisica al Mason Science College (ora Università di Birmingham) dal 1880 fino alla sua morte. Ha sviluppato il vettore di Poynting, che descrive direzione ed ampiezza del flusso di energia del campo elettromagnetico (1884).

1.2.1 PARAMETRI CHE DESCRIVONO LE ONDE

Nella tabella seguente riportiamo i parametri principlai che si incontrano nello studio e nella caratterizzazione delle onde.

NEL VUOTO	Vettore d'onda: $\vec{k}_O$, Modulo: k_O Velocità $V = c$, lunghezza d'onda $\lambda_O = cT = 2\pi c / \omega$ Frequenza angolare ω, $\omega / c = 2\pi / \lambda_O = k_O$
NEL MEZZO	Vettore d'onda: $\vec{k}$, Modulo: k Velocità $V = c / n$, $\lambda = VT = 2\pi V / \omega$; $\lambda = \lambda_O / n$, dove n è l'indice di rifrazione; $\omega / V = n\omega / c = 2\pi / \lambda = k$; $k = nk_O$.

Per quanto riguarda l'ottica, le definizioni d'omogeneità ed isotropia sono le seguenti. Un corpo è omogeneo se ogni sua parte ha le medesime proprietà ottiche, indipendentemente dalla posizione che si considera, ovvero se è invariante per traslazione. In fisica, l'isotropia è la proprietà d'indipendenza dalla direzione, da parte di una grandezza definita nello spazio. Il suo contrario è l'anisotropia. In una sostanza isotropa, le proprietà ottiche non dipendono dalla direzione in cui si analizza la sostanza stessa. Un esempio di grandezza isotropa è l'indice di rifrazione del vetro. Il fatto che sia lo stesso per tutte le direzioni, indica che il comportamento della luce è uguale in tutte le direzioni. Al contrario in una sostanza anisotropa (ad esempio un cristallo liquido) l'indice varia con la direzione di propagazione.

La dispersione è un fenomeno che causa la separazione di un'onda nelle sue componenti spettrali. Avendo lunghezze d'onda differenti, le componenti spettali si possono separare nel passaggio in un mezzo (un prisma ad esempio), per via della dipendenza della velocità dell'onda dalla lunghezza d'onda.

Le dispersione è spesso descritta in onde luminose, ma può avvenire in ogni tipo di onda che interagisce con un mezzo, come le onde sonore, o che può essere confinata in una guida d'onda. La dispersione è anche chiamata dispersione cromatica per enfatizzare la sua dipendenza dalla lunghezza d'onda.

Esistono in generale due sorgenti di dispersione: a) la dispersione di materiale, che deriva dal fatto che la risposta del materiale alle onde dipende dalla frequenza, e b) la dispersione di guida d'onda, che avviene quando la velocità dell'onda nella guida dipende dalla sua frequenza. I modi trasversali delle onde confinate in una guida d'onda finita in generale hanno velocità (e forme di campo) diverse, che dipendono dalla frequenza (ossia dalla dimensione relativa dell'onda, che è la lunghezza d'onda, rispetto alle dimensioni della guida).

In ottica, la velocità di fase di un'onda v in un mezzo uniforme è data da $v = c / n$ dove c è la velocità della luce nel vuoto ed n l'indice di rifrazione del mezzo. In generale l'indice di rifrazione è una funzione della frequenza v della luce, quindi $n = n(v)$ o, alternativamente, rispetto alla lunghezza d'onda $n = n(\lambda)$. La dipendenza dalla lunghezza d'onda dell'indice di rifrazione di un materiale è solitamente quantificata mediante formule empiriche che sono l'equazione di Cauchy[6] e l'equazione di Sellmeier.

1.3 SIMMETRIA DEI CRISTALLI ED ANISOTROPIA

I liquidi e le sostanze solide amorfe, come il vetro, sono normalmente isotrope, se non sollecitate esternamente, a causa della distribuzione casuale delle molecole. In diversi cristalli invece, le proprietà ottiche, come altre proprietà fisiche, dipendono dalla direzione. I fenomeni legati alla propagazione delle onde nei mezzi dielettrici isotropi o anisotropi, lineari o non-lineari, purché passivi, ossia non in grado di amplificare, possono essere spiegati con un semplice modello elettromeccanico, dove le cariche (elettroni) sono vincolate alla struttura del materiale da forze di richiamo. La sollecitazione sulle cariche è prodotta dal campo elettrico $\vec{E}$ dell'onda elettromagnetica e l'effetto è la variazione della posizione delle cariche, ossia la polarizzazione $\vec{P}$ del

---

[6] Augustin Louis Cauchy (21 Agosto 1789 – 23 Maggio 1857) è stato un matematico francese. I suoi lavori coprono l'intero range della matematica e della fisica metamatica.

materiale. La bontà del modello è evidenziata dal modo semplice con cui è possibile spiegare e quantificare l'angolo di Brewster.

L'angolo di Brewster[7] è quell'angolo per il quale l'incidenza sulla superficie di discontinuità fra due dielettrici di un'onda elettromagnetica, polarizzata con il campo elettrico oscillante nel piano d'incidenza, genera esclusivamente un'onda rifratta e non un'onda riflessa. La spiegazione analitica può essere trovata mediante considerazioni sull'adattamento di impedenza fra onda incidente e rifratta, tuttavia è possibile dare una spiegazione fisica intuitiva che consente di determinare anche il valore dell'angolo, nel modo seguente. L'onda rifratta può essere vista come generata da dipoli, indotti ad oscillare, all'interno del materiale. È noto che un dipolo oscillante irradia principalmente lungo la direzione ortogonale al suo asse e non irradia del tutto lungo il suo asse. Quindi, se la direzione di propagazione all'interno del mezzo rifrangente è ortogonale alla direzione della possibile onda riflessa, non si può avere onda riflessa.

Nel modello elettromeccanico precedentemente delineato, se le forze di richiamo sono differenti al variare della direzione il comportamento è anisotropo, viceversa è isotropo. Essendo la sollecitazione sulle cariche il campo elettrico $\vec{E}$ dell'onda elettromagnetica, e l'effetto la variazione della posizione, ossia la polarizzazione $\vec{P}$ del materiale, se il materiale è isotropo, il vettore $\vec{P}$ ha la stessa direzione di $\vec{E}$:

$$\vec{P} = \varepsilon_o \chi \vec{E} \qquad\qquad (1.21)$$

dove ε_o è la costante dielettrica nel vuoto e χ la suscettività dielettrica del materiale.

Se il materiale non è isotropo, solo in casi particolari il vettore $\vec{P}$ ha la stessa direzione di $\vec{E}$.

---

[7] Sir David Brewster, Fellow of the Royal Society (11 Dicembre 1781 – 10 Febbraio 1868) è stato uno scienziato, inventore e scrittore scozzese.

In genere la direzione è differente ed è espressa da una relazione del tipo:

$$\vec{P} = \varepsilon_o [\chi] \vec{E} \tag{1.22}$$

dove la [χ] è una matrice 3x3. Il vettore induzione elettrica è definito da:

$$\vec{D} = \varepsilon_o \vec{E} + \vec{P} \tag{1.23}$$

quindi nel caso di materiali isotropi:

$$\vec{D} = \varepsilon_o \vec{E} + \varepsilon_o \chi \vec{E} = \varepsilon_o (1 + \chi) \vec{E} \tag{1.24}$$

mentre nel caso di materiali anisotropi:

$$\vec{D} = \varepsilon_o \vec{E} + \varepsilon_o [\chi] \vec{E} = \varepsilon_o (1 + [\chi]) \vec{E} = [\varepsilon] \vec{E} \tag{1.25}$$

Quindi in un materiale anisotropo i vettori $\vec{E}$ e $\vec{D}$ non sono, in generale, paralleli. L'onda (dovuta al moto delle cariche elementari presente nel dielettrico) si propaga perpendicolarmente al vettore $\vec{D}$ (reazione dielettrica del mezzo) e l'energia, per il teorema di Poynting, fluisce perpendicolarmente al vettore $\vec{E}$, ossia obliquamente rispetto al fronte d'onda. Quindi il fascio è inclinato rispetto alla direzione di propagazione del fronte d'onda dello stesso angolo che sussiste fra i vettori $\vec{E}$ e $\vec{D}$. Secondo la polarizzazione del materiale, si possono avere inclinazioni differenti del fascio.

L'equazione dell'ellissoide degli indici permette di individuare l'indice di rifrazione di un mezzo anisotropo, secondo la direzione di propagazione della luce. La forma dell'ellissoide dipende dalle proprietà del materiale che solitamente è un cristallo.

I cristalli possono essere di tre tipi differenti:

a) a simmetria cubica ($n_{11} = n_{22} = n_{33}$): l'ellissoide si riduce ad una sfera ed il comportamento è isotropo;

b) con un asse di simmetria ($n_{11} = n_{22} \neq n_{33}$): si ha un ellissoide di rivoluzione attorno all'asse di simmetria. Il cristallo è detto uniassico, positivo o negativo a secondo del segno della differenza degli indici $n_e - n_o$, straordinario ed ordinario. L'asse di simmetria è detto anche asse straordinario;

c) privi di asse di simmetria ($n_{11} \neq n_{22} \neq n_{33}$): il cristallo è detto biassico.

Le relazioni tra la simmetria dei cristalli e l'anisotropia ottica sono le seguenti:

Anisotropia materiale	*Simmetria dei cristalli*
Cristallo isotropo	*Cubico*
Cristallo uniassico	*Tetragonale, Esagonale,Trigonale*
Cristallo biassico	*Rombico, Monoclino, Triclino*

1.4 ASSORBIMENTO, RIFLESSIONE E TRASMISSIONE

Nei dielettrici, gli elettroni degli atomi e delle molecole sono costretti ad oscillazioni forzate quando vengono investiti dall'onda elettromagnetica. Queste oscillazioni sono smorzate da processi dissipativi dentro le molecole o nelle celle unitarie del materiale. Così la polarizzazione non è in fase con il campo elettrico oscillante applicato al materiale. La polarizzazione è da considerare allora come una grandezza complessa $\chi = \chi' - i\chi''$.

Nel materiale il vettore d'onda è dato da:

$$k^2 = \left\{ 1 + \chi' - i\left(\chi'' + \frac{\sigma}{\varepsilon_o \omega} \right) \right\} \frac{\omega^2}{c^2} \qquad (1.26)$$

dove σ è la conducibilità del materiale. Nei dielettrici trasparenti la parte immaginaria è trascurata e allora $k^2 = k_o^2 \{1 + \chi\}$. L'indice di rifrazione nei mezzi trasparenti è quindi $n^2 = \{1 + \chi\}$.

Nel caso dei conduttori:

$$\frac{k}{k_O} = n - i\kappa \qquad (1.27)$$

dove κ è il coefficiente di estinzione.

Indichiamo con a il coefficiente di assorbimento. Si ha $I = I_o e^{-az}$, dove I_O è l'intensità della luce incidente ed I è l'intensità della luce emergente da uno spessore z del materiale. Assorbimento, riflessione e trasmissione sono i fenomeni che avvengono quando la luce interagisce con la materia. Quando l'energia radiante incide su un corpo, una parte viene assorbita, una parte viene riflessa e una parte viene trasmessa. Per la legge di conservazione dell'energia, la somma delle quantità di energia rispettivamente assorbita, riflessa e trasmessa è uguale alla quantità di energia incidente.

1.4.1 RIFLETTANZA E TRASMITTANZA

La riflettanza è il rapporto tra flusso riflesso e flusso incidente valutato per ogni lunghezza d'onda. Essendo definita come rapporto di grandezze omogenee, la riflettanza è una grandezza adimensionale e viene espressa in percentuale (0-100%) o come fattore (0.0-1.0).

La riflettanza non è solo funzione della lunghezza d'onda ma anche dell'illuminazione, della geometria di irradiamento e della geometria di visione (cioè della geometria con cui si illumina il corpo e della geometria con cui si misura la quantità riflessa), per cui è necessario definire una grandezza più generale della riflettanza spettrale.

Coefficiente di estinzione: $\kappa = c\,a/2\omega$, con a coefficiente di assorbimento, c velocità della luce. Il coefficiente di estinzione è la parte immaginaria dell'indice di rifrazione: $N = n - i\kappa$. Nel caso del dielettrico perfetto: $\kappa = 0$.

Se abbiamo una superficie di separazione tra due mezzi:

Coefficiente di Riflessione: $r = E_R / E_I$	Rilfettanza: $R = \lvert r \rvert^2 = I_R / I_I$	$T + R = 1$ solo per un dielettrico perfetto
Coefficiente di Trasmissione: $t = E_T / E_I$	Trasmittanza: $T = \lvert t \rvert^2 = I_T / I_I$	

Vediamo ora alcuni casi particolari.

Si ha che la riflettanza normale, ossia per incidenza nomale del fascio nel caso aria-mezzo è:

$$R = \frac{\left((n-1)^2 + \kappa^2\right)}{\left((n+1)^2 + \kappa^2\right)} \tag{1.28}$$

$$R = \left(\frac{(n_1 - n_2)}{(n_1 + n_2)}\right)^2 \quad \text{(tra due dielettrici perfetti)} \tag{1.29}$$

Per una superficie (aria-mezzo):

Metallo: $R = 1 - \left(\dfrac{4n}{\kappa}\right)$ $\qquad$ (1.30)

Dielettrico perfetto: $R = \left(\dfrac{(n-1)}{(n+1)}\right)^2$ $\qquad$ (1.31)

2
LA POLARIZZAZIONE

Il termine polarizzazione, riferito ai materiali, si usa in chimica ed in fisica per indicare la presenza di un dipolo elettrico macroscopico in un solido (o in un liquido). Più precisamente, un materiale risponde allo stimolo di un campo elettrico esterno formando un dipolo e quindi polarizzandosi. Di conseguenza, la polarizzazione elettrica o dielettrica produce la presenza di cariche superficiali in un corpo di materiale isolante sottoposto ad un campo elettrico. Il mezzo può anche mostrare una densità locale di carica di polarizzazione

In un materiale reale è disponibile una certa densità di carica libera (ρ_{free}), nel senso che può spostarsi con minima resistenza in tutto il solido, e una certa densità di carica legata (ρ_{bound}) che rimane confinata vicino alla propria posizione di riposo. La carica legata è anche definita in modo da essere nulla a riposo, ossia in assenza di campo elettrico esterno, è quindi formata dalla sovrapposizione della carica negativa degli elettroni e dalla carica positiva dei nuclei degli atomi del materiale. L'applicazione di un campo elettrico modifica entrambe le distribuzioni di carica.

2.1 POLARIZZAZIONE NEI DIELETTRICI

L'effetto macroscopico della polarizzazione di un dielettrico è dovuto alla formazione o orientazione di dipoli elettrici in risposta all'applicazione di un campo elettrico. Questi dipoli creano a loro volta un campo elettrico opposto al campo applicato. I dielettrici però sono elettricamente neutri e non contengono cariche elettriche libere. Non riescono quindi a schermare completamente il campo esterno (ciò che accade nei conduttori in elettrostatica).

In un corpo di materiale isolante sottoposto ad un campo elettrico, la somma algebrica delle cariche dovute alla polarizzazione elettrica è nulla, e il fenomeno scompare in generale, al cessare del campo elettrico esterno. Vi sono però dei materiali dove l'effetto della polarizzazione è permanente: questi materiali sono i ferroelettrici.

L'effetto del campo esterno è in genere limitato alle deformazioni della struttura elettronica microscopica attorno alla posizione d'equilibrio: gli elettroni possono deformare i propri orbitali spostando leggermente la propria posizione rispetto ai nuclei.

Di conseguenza si forma un dipolo di piccolissima intensità per ogni atomo del materiale, la somma dei dipoli microscopici produce il dipolo totale del solido. Si hanno in generale due tipi di polarizzazione elettrica: la polarizzazione per deformazione e la polarizzazione per orientamento.

2.1.1 POLARIZZAZIONE PER DEFORMAZIONE

Si tratta della piccola deformazione che si crea nel singolo atomo per via della presenza di un campo elettrico esterno. Le cariche positive e negative dell'atomo o della molecola subiscono una forza elettrica proporzionale al campo elettrico all'interno del materiale chiamato campo locale, creando così un momento di dipolo non nullo:

$$\vec{p} = \alpha_d \vec{E}_l \qquad\qquad (2.1)$$

dove α_d è il coefficiente detto di *polarizzazione elettronica per deformazione*

2.1.2 POLARIZZAZIONE PER ORIENTAMENTO

Molti materiali hanno molecole sono dotate di un momento di dipolo intrinseco, o per il tipo di legame (per esempio ionico), o per l'asimmetria delle molecole. Tuttavia tale momento di dipolo è mediamente nullo conteggiando tutte le molecole perché gli orientamenti di tali momenti sono distribuiti in maniera casuale.

Se è presente un campo elettrico esterno invece, i momenti di dipolo si orientano parallelamente ad esso e il suo valore medio è quindi diverso da zero.

Il calcolo del valore medio dei momenti di dipolo si effettua con la funzione di Boltzmann[8] e riportiamo solo il risultato:

$$\langle \vec{p} \rangle = \frac{p_o^2 \vec{E}_l}{3K_B T} = \alpha_o \vec{E}_l \tag{2.2}$$

dove K_B è la costante di Boltzmann, T è la temperatura assoluta, e p_o è il momento di dipolo intrinseco. Infine α_o è il coefficiente di polarizzazione elettronica per orientamento.

2.2 IL VETTORE POLARIZZAZIONE ELETTRICA

Possiamo rappresentare la polarizzazione elettrica dei dielettrici con un vettore $\vec{P}$ che tiene conto delle polarizzazioni per deformazione e per orientamento viste prima. In presenza di campo elettrico esterno si ha un momento di dipolo medio $\langle \vec{p} \rangle$ per numero di molecole dN per unità di volume dv, rappresentato dal vettore polarizzazione elettrica:

$$\vec{P} = \frac{dN}{dv} \langle \vec{p} \rangle = \frac{d\vec{p}}{dv} \tag{2.3}$$

Si può schematizzare la presenza di polarizzazione nei dielettrici come se ci fosse all'interno del dielettrico una certa densità di carica (superficiale e di volume) che chiameremo di polarizzazione: σ_p e ρ_p per distinguerla dalla densità di carica sui conduttori σ e ρ. Il legame tra il vettore di polarizzazione elettrica e le cariche di polarizzazione è:

---

[8] Ludwig Eduard Boltzmann (20 Febbraio 1844 – 5 Settembre 1906) è stato un fisico austriaco, famoso per le sue ricerce fondamentali nel campo della meccanica e della termodinamica statistica.

$$
\begin{cases}
\sigma_p = \vec{P} \cdot \vec{n} \\
\rho_p = -div\,\vec{P} = -\vec{\nabla} \cdot \vec{P}
\end{cases}
\tag{2.4}
$$

La prima è la densità di carica superficiale e la seconda la densità di carica di volume. La prima è sempre diversa da zero se c'è la polarizzazione. La seconda è diversa da zero se la polarizzazione non è uniforme.

2.2.1 POLARIZZAZIONE NEI GAS

Per i gas e i vapori il legame tra il vettore polarizzazione elettrica e il campo elettrico è praticamente lineare e si ha praticamente solo polarizzazione per orientamento:

$$
\vec{p} = n\alpha_o \vec{E}
\tag{2.5}
$$

dove $n = \dfrac{dN}{dv}$, è il numero medio di molecole per unità di volume.

2.2.2 POLARIZZAZIONE NEI LIQUIDI

Dobbiamo distinguere tra liquidi polari e non polari.

Liquidi polari - Per i liquidi polari si ha un effetto di polarizzazione per orientamento e anche di deformazione: $\vec{p} = n\alpha\vec{E}$, dove $\alpha = \alpha_o + \alpha_d$.

Liquidi non polari - In questo caso si usa, sotto opportune approssimazioni, la relazione di Lorentz tra il campo elettrico locale e il campo elettrico esterno:

$$
\vec{E}_l = \vec{E} + \frac{\vec{P}}{3\varepsilon_o}
\tag{2.6}
$$

$$\vec{P} = n\alpha\left(\vec{E} + \frac{\vec{P}}{3\varepsilon_o}\right) = \frac{n\alpha}{\varepsilon_o\left(1 - \frac{n\alpha}{3\varepsilon_o}\right)}\vec{E} = \varepsilon_o\chi\vec{E} \qquad (2.7)$$

dove: $\chi = \dfrac{n\alpha}{\varepsilon_o\left(1 - \dfrac{n\alpha}{3\varepsilon_o}\right)} = \varepsilon_r - 1$ \qquad (2.8)

è chiamata suscettività elettrica; ε_r è la permittività elettrica relativa al materiale. L'equazione 2.8 è detta di Clausius-Mossotti.

2.3 POLARIZZAZIONE NEI SOLIDI CRISTALLINI

All'interno dei metalli si trova una gran quantità di carica elettrica, trasportata dagli elettroni di valenza, che può muoversi liberamente all'interno del solido. Se il metallo è immerso in un campo elettrico, si formerà una densità di carica superficiale tale da schermare il campo esterno. Questa carica superficiale è creata dalle cariche libere, che cominciano a spostarsi appena il metallo è immerso nel campo elettrico. Si osserva quindi la presenta di correnti nel metallo, per il tempo molto breve che precede la formazione della densità di carica superficiale. Dopo quest'intervallo, il metallo ritorna alla condizione precedente alla perturbazione eccetto che sulla superficie. La quantità di carica è tale da schermare qualsiasi campo elettrico costante per le intensità normalmente utilizzate.

La polarizzabilità di un materiale è legata alla costante dielettrica relativa ε_r. Per i metalli, per quanto detto sopra, essa è pari a zero. I materiali semiconduttori, invece, dispongono di una piccola quantità di elettroni liberi: presentano un comportamento metallico per campi elettrici di bassa intensità e un comportamento dielettrico per campi elettrici più forti. La costante dielettrica per i semiconduttori è solitamente molto alta: 13.8 per il silicio, circa 14 per il germanio.

Nei solidi cristallini il legame tra il vettore polarizzazione elettrica e il campo elettrico esterno dipende anche dalla direzione del campo e quindi la relazione è la più generale possibile:

$$\begin{cases} P_x = \alpha_{11}E_x + \alpha_{12}E_y + \alpha_{13}E_z \\ P_x = \alpha_{21}E_x + \alpha_{22}E_y + \alpha_{23}E_z \\ P_x = \alpha_{31}E_x + \alpha_{32}E_y + \alpha_{33}E_z \end{cases}$$

(2.9)

dove:

$$[\alpha] = \begin{bmatrix} \alpha_{11} & \alpha_{12} & \alpha_{13} \\ \alpha_{21} & \alpha_{22} & \alpha_{23} \\ \alpha_{31} & \alpha_{32} & \alpha_{33} \end{bmatrix}$$

(2.10)

è il tensore di polarizzazione. Se i suoi elementi sono tutti costanti il dielettrico si dice perfetto. Se il dielettrico è anche isotropo allora gli elementi della matrice si riducono ad uno scalare, cioè ad un numero.

2.4 EQUAZIONI DI MAXWELL PER I DIELETTRICI

Supponiamo di avere un mezzo dielettrico con:

$$\rho_{free} = 0 \quad ; \quad \vec{J} = 0 \quad ; \quad \vec{B} = \mu_o \vec{H}$$

(2.11)

dove allora non ci sono cariche libere, non ci sono correnti libere e inoltre il mezzo è non magnetico. Se c'è polarizzazione, si ha che:

$$\vec{D} = \varepsilon_o \vec{E} + \vec{P}$$

(2.12)

dopo alcuni calcoli ricaviamo l'equazione delle onde:

$$\nabla^2 \vec{E}(\vec{r},t) - \frac{1}{c^2}\frac{\partial^2 \vec{E}(\vec{r},t)}{\partial t^2} = \mu_o \frac{\partial^2 \vec{P}(\vec{r},t)}{\partial t^2} \qquad (2.13)$$

dove $1/c^2 = \mu_o \varepsilon_o$. Per risolvere l'equazione è necessario conoscere la relazione costitutiva, la relazione che lega la polarizzazione al campo elettrico incidente.

2.5 LA RISPOSTA DEL MEZZO

Vediamo ora quali proprietà della polarizzazione discendono dall'ipotesi di linearità o non linearità del mezzo. Imponiamo che valga il principio di causalità, e cioè che il valore di $\vec{P}$ ad un certo tempo t dipenda solo dai valori assunti da $\vec{E}$ ad istanti precedenti. Supponiamo che le proprietà interne del mezzo siano indipendenti dal tempo, in questo modo possiamo traslare le funzioni nel tempo. Se la polarizzazione è una risposta lineare al campo elettrico:

$$\vec{P}(t) = \varepsilon_o \int_{-\infty}^{\infty} R(t,t')\vec{E}(t')dt' \qquad (2.14)$$

dove il tensore $R(t,t')$ è nullo se $t \le t'$. Nello scrivere la 2.14, abbiamo considerato un problema dove non ci sia dipendenza dallo spazio.

Dire che $R(t,t') = 0$ se $t \le t'$ significa dire non ci può essere un contributo ottico indotto, prima che il campo sia applicato (principio di causalità). Se vale l'invarianza per traslazione nel tempo, possiamo riscrivere la polarizzazione come: $\vec{P}(t) = \varepsilon_o \int_{-\infty}^{\infty} R(\tau)\vec{E}(t-\tau)d\tau$.

Consideriamo il campo elettrico nelle sue componenti spettrali: $\vec{E}(t) = \int_{-\infty}^{\infty}\vec{E}(\omega)e^{-i\omega t}d\omega$. La polarizzazione diventa:

$$\vec{P}(t) = \varepsilon_o \int\limits_{-\infty}^{\infty} R(\tau) \int\limits_{-\infty}^{+\infty} \vec{E}(\omega) e^{-i\omega(t-\tau)} d\omega d\tau =$$

(2.15)

$$= \varepsilon_o \int\limits_{-\infty}^{+\infty} \int\limits_{-\infty}^{\infty} R(\tau) \vec{E}(\omega) e^{i\omega\tau} e^{-i\omega t} d\omega d\tau = = \varepsilon_o \int\limits_{-\infty}^{\infty} \chi(\omega) \vec{E}(\omega) e^{-i\omega t} d\omega$$

dove si è definita $\chi(\omega) = \int\limits_{-\infty}^{\infty} R(\tau) e^{i\omega\tau} d\tau$.

Consideriamo $\vec{P}(t) = \int\limits_{-\infty}^{\infty} \vec{P}(\omega) e^{-i\omega t} d\omega$, si ha allora:

$$\vec{P}(\omega) = \varepsilon_o \chi(\omega) \vec{E}(\omega)$$

(2.16)

Notiamo che $\vec{P}(t)$ e $\vec{E}(t)$ sono quantità reali misurabili. Non è così per le trasformate di Fourier, $\vec{P}(\omega), \vec{E}(\omega)$ e $\chi(\omega)$, che sono complesse e legate dalla relazione $\vec{P}(\omega) = \varepsilon_0 \chi(\omega) \vec{E}(\omega)$, dove $\chi(\omega)$ è in genere complesso e quindi $\chi(\omega) = \chi'(\omega) + i\chi''(\omega)$.

Se il campo elettrico appartiene ad un'onda monocromatica piana, del tipo:
$\vec{E}(\vec{k},\omega) = \vec{A}(\vec{k},\omega) \, exp(i\vec{k}\cdot\vec{r} - i\omega t)$, si ha al primo ordine che:

$$\vec{P}(\vec{k},\omega) = \varepsilon_o \chi(\vec{k},\omega) \vec{E}(\vec{k},\omega)$$

(2.17)

dove la suscettività è un tensore. Nel caso che la risposta del mezzo sia indipendente da $\vec{r}$, ossia la suscettività sia indipendente da $\vec{r}$, il tensore $\chi(\vec{k},\omega)$ deve essere indipendente da $\vec{k}$.

Vediamo che cosa succede se la risposta del mezzo non è lineare: si avranno vari contributi alla polarizzazione, del tipo:

$$\vec{P}(t) = \vec{P}^{(1)}(t) + \vec{P}^{(2)}(t) + \vec{P}^{(3)}(t) + ... + \vec{P}^{(n)}(t) + ...$$

(2.18)

dove $\vec{P}^{(n)}(t) = \varepsilon_o \int\limits_{-\infty}^{\infty} dt_1 \int\limits_{-\infty}^{\infty} dt_2 \dots \int\limits_{-\infty}^{\infty} dt_n R^{(n)}(t,t_1,t_2,\dots,t_n) \vec{E}(t_1)\vec{E}(t_2)\dots\vec{E}(t_n)$.

Abbiamo i tensori $R^{(n)}(t,t_1,\dots,t_n)$ che indicano le risposte del mezzo,

Se la funzione della risposta non dipende da t, si ha che (tralasciamo i segni di vettore per non appesantire la notazione):

$$P^{(n)}(t) = \varepsilon_o \int\limits_{-\infty}^{\infty} dt_1 \int\limits_{-\infty}^{\infty} dt_2 \dots \int\limits_{-\infty}^{\infty} dt_n R^{(n)}(t_1,t_2,\dots,t_n) E(t-t_1)E(t-t_2)\dots E(t-t_n)$$

(2.19)

Prendiamo la trasformata dei campi.

$$P^{(n)}(t) = \varepsilon_o \int\limits_{-\infty}^{\infty} d\omega_1 \dots \int\limits_{-\infty}^{\infty} d\omega_n \chi^{(n)}(\omega_1,\omega_2,\dots,\omega_n) E(\omega_1)\dots E(\omega_n) \exp^{-[it \sum\limits_{m=1}^{n} \omega_m]}$$

$$\chi^{(n)}(\omega_1,\omega_2,\dots,\omega_n) = \int\limits_{-\infty}^{\infty} dt_1 \dots \int\limits_{-\infty}^{\infty} dt_n R^{(n)}(t_1,\dots,t_n) e^{it \sum\limits_{m=1}^{n} \omega_m}$$

(2.20)

Vediamo che cosa succede al secondo ordine.

$$P^{(2)}(t) = \varepsilon_o \int\limits_{-\infty}^{\infty} d\omega_1 \int\limits_{-\infty}^{\infty} d\omega_2 \chi^{(2)}(\omega_1,\omega_2) E(\omega_1)E(\omega_2) e^{-[it(\omega_1+\omega_2)]}$$

(2.21)

$$= \varepsilon_o \int\limits_{-\infty}^{\infty} d\omega \int\limits_{-\infty}^{\infty} d\omega_2 \chi^{(2)}(\omega-\omega_2,\omega_2) E(\omega-\omega_2)E(\omega_2) e^{-[it\omega]}$$

Poiché: $E(\omega_2) = E(\omega')\delta(\omega_2-\omega')$,

$$P^{(2)}(t) = \varepsilon_o \int_{-\infty}^{\infty} d\omega \, \chi^{(2)}(\omega - \omega', \omega') E(\omega - \omega') E(\omega') e^{-[it\omega]} = \int_{-\infty}^{\infty} d\omega \, P^{(2)}(\omega) e^{-[it\omega]}$$

$$P^{(2)}(\omega) = \varepsilon_o \chi^{(2)}(\omega - \omega', \omega') E(\omega - \omega') E(\omega') \qquad (2.22)$$

Definendo: $\omega - \omega' = \omega_1, \omega' = \omega_2, \omega = \omega_1 + \omega_2$, si ha

$$P^{(2)}(\omega = \omega_1 + \omega_2) = \varepsilon_o \chi^{(2)}(\omega_1, \omega_2) E(\omega_1) E(\omega_2) \qquad (2.23)$$

Ed al generico ordine:

$$P^{(n)}(\omega = \omega_1 + \omega_2 + \ldots + \omega_n) = \varepsilon_o \chi^{(n)}(\omega_1, \omega_2, \ldots, \omega_n) E(\omega_1) E(\omega_2) \ldots E(\omega_n)$$

La polarizzazione si può quindi scrivere come:

$$P(\omega) = \varepsilon_o [\chi^{(1)}(\omega_1) E(\omega_1) + \chi^{(2)}(\omega_1, \omega_2) E(\omega_1) E(\omega_2) +$$

$$+ \chi^{(3)}(\omega_1, \omega_2, \omega_3) E(\omega_1) E(\omega_2) E(\omega_3) + \ldots + \chi^{(n)}(\omega_1, \ldots, \omega_n) E(\omega_1) \ldots E(\omega_n) + \ldots$$

$$(2.24)$$

Attenzione, ricordiamo che tutte queste equazioni riguardano vettori e tensori. E quindi:

$$\vec{P}(\omega) = \varepsilon_o [\chi^{(1)}(\omega_1) \vec{E}(\omega_1) + \chi^{(2)}(\omega_1, \omega_2) \vec{E}(\omega_1) \vec{E}(\omega_2) +$$

$$+ \chi^{(3)}(\omega_1, \omega_2, \omega_3) \vec{E}(\omega_1) \vec{E}(\omega_2) \vec{E}(\omega_3) + \ldots + \chi^{(n)}(\omega_1, \ldots, \omega_n) \vec{E}(\omega_1) \ldots \vec{E}(\omega_n) + \ldots$$

Se scriviamo considerando le componenti di vettori e tensori, abbiamo:

$$P_i^{(1)}(\omega) = \varepsilon_o \sum_j \chi_{ij}^{(i)}(\omega) E_j(\omega) \quad i, j = x, y, z \qquad (2.25)$$

$$P_i^{(2)}(\omega) = \varepsilon_o \sum_{jk} \chi_{ijk}^{(2)}(\omega_1, \omega_2) E_j(\omega_1) E_k(\omega_2) \quad i, j, k = x, y, z \qquad (2.26)$$

Il tensore della suscettività deve restare invariato se esso si sottopone alle trasformazioni di simmetria del mezzo. Nei mezzi centrosimmetrici (gas, liquidi, amorfi) tutte le suscettività d'ordine pari sono nulle.

Valgono inoltre le simmetrie per permutazione. Un esempio è dato dalla seguente permutazione degli indici j, k: $\chi_{ijk}^{(2)}(\omega_1, \omega_2) = \chi_{ikj}^{(2)}(\omega_2, \omega_1)$.

Vale inoltre la coniugazione complessa, perciò: $[\chi^{(n)}(\omega_1, \omega_2, ..., \omega_n)]^* = \chi^{(n)}(-\omega_1, -\omega_2, ..., -\omega_n)$. Se siamo lontani dalle frequenza di risonanza del materiale, le suscettività possono essere approssimante con valori reali e quindi: $[\chi^{(n)}(\omega_1, \omega_2, ..., \omega_n)]^* = \chi^{(n)}(\omega_1, \omega_2, ..., \omega_n)$, ed anche $\chi^{(n)}(\omega_1, \omega_2, ..., \omega_n) = \chi^{(n)}(-\omega_1, -\omega_2, ..., -\omega_n)$.

2.6 CAMPI MONOCROMATICI

Possiamo vedere cosa può capitare, in un caso semplice, se il campo elettrico incidente è sovrapposizione di componenti monocromatiche:

$$E(t) = \frac{1}{2} \sum_{\omega_k \geq 0} [E_{\omega_k} \exp(-i\omega_k t) - E_{-\omega_k} \exp(i\omega_k t)], \qquad (2.27)$$

dove $E_{-\omega_k} = E_{\omega_k}^*$.

Ed inoltre: $E(\omega) = \frac{1}{2} \sum_k [E_{\omega_k} \delta(\omega - \omega_k) + E_{-\omega_k} \delta(\omega + \omega_k)]$.

Nel caso lineare:

$$P(\omega) = \varepsilon_o \sum_k \frac{1}{2} [\chi(\omega) E_{\omega_k} \delta(\omega - \omega_k) + \chi(\omega) E_{-\omega_k} \delta(\omega + \omega_k)] \qquad (2.28)$$

Antitrasformando si ha che:

$$P(t) = \varepsilon_o \sum_k \frac{1}{2\pi} \int_{-\infty}^{+\infty} \frac{1}{2} [\chi(\omega)E_{\omega_k} \delta(\omega - \omega_k) + \chi(\omega)E_{-\omega_k} \delta(\omega + \omega_k)] e^{-i\omega t} d\omega$$

$$= \varepsilon_o \sum_k \frac{1}{2\pi} \frac{1}{2} [\chi(\omega_k)E_{\omega_k} e^{-i\omega_k t} + \chi(-\omega_k)E_{-\omega_k} e^{i\omega_k t}] \qquad (2.29)$$

Se $\chi^*(\omega_k) = \chi(-\omega_k)$ allora:

$$P(t) = \varepsilon_o \sum_k \frac{1}{2\pi} [\chi(\omega_k)E_{\omega_k} e^{-i\omega_k t} + \chi(-\omega_k)E_{-\omega_k} e^{i\omega_k t}] \qquad (2.30)$$

quindi otteniamo il risultato che la polarizzazione ha le stesse componenti spettrali del campo incidente.

Parlando in termini qualitativi, si può dire che un mezzo lineare analizza le componenti armoniche contenute nel campo elettrico incidente, risponde in maniera diversa ad ognuna di loro ed infine le combina nella sua risposta. Per questa ragione, in regime lineare, non ci si aspetta di trovare, nell'onda uscente dal mezzo, frequenze che non siano presenti in quella di ingresso. Questo risultato, tipico dei sistemi lineari, è in sostanziale accordo con le evidenze sperimentali fintanto che l'ampiezza dei campi incidenti rimane al di sotto di una certa entità.

Se invece siamo al secondo ordine:

$$P(t) = \varepsilon_o \int_{-\infty}^{+\infty} \int_{-\infty}^{\infty} \chi(\omega, \omega')E(\omega)E(\omega')e^{-i(\omega + \omega')t} d\omega d\omega' =$$

$$= \varepsilon_o \sum_k \sum_{k'} \chi(\omega_k, \omega_{k'})[E_{\omega_k} e^{-i\omega_k t} + E_{-\omega_k} e^{i\omega_k t}][E_{\omega_{k'}} e^{-i\omega_{k'} t} + E_{-\omega_{k'}} e^{i\omega_{k'} t}]$$

$$(2.31)$$

Ora abbiamo anche la somma e la differenza delle frequenze dei campi, il raddoppio di frequenza e termini continui, ossia con frequenza zero.

2.7 ONDE NEI MATERIALI

Assumiamo che il campo elettrico appartenga ad un'onda elettromagnetica piana: $\vec{E}(\vec{r},t) = \vec{E}_0 e^{i(\vec{k}\cdot\vec{r}-\omega t)} + c.c$, per cui si ha:

$$\nabla \times \vec{E} = i\vec{k} \times \vec{E} \quad ; \quad \nabla \cdot \vec{E} = i\vec{k} \cdot \vec{E} \tag{2.32}$$

Decomponiamo il campo $\vec{E}$ in componenti trasversali e longitudinali: $\vec{E} = \vec{E}_T + \vec{E}_L$, allora,

$$\nabla \times \vec{E} = i\vec{k} \times (\vec{E}_T + \vec{E}_L) = i\vec{k} \times \vec{E}_T$$
$$\nabla \cdot \vec{E} = i\vec{k} \cdot (\vec{E}_T + \vec{E}_L) = i\vec{k} \cdot \vec{E}_L \tag{2.33}$$

Per le onde piane, $\vec{E}_L = 0$, e quindi $\nabla \cdot \vec{E} = 0$. L'equazione diventa

$$\nabla^2 \vec{E}(\vec{r},t) - \frac{1}{c^2}\frac{\partial^2 \vec{E}(\vec{r},t)}{\partial t^2} = \mu_o \frac{\partial^2 \vec{P}(\vec{r},t)}{\partial t^2} \tag{2.34}$$

Sappiamo che $\vec{P}(\vec{k},\omega) = \varepsilon_o \chi(\omega)\vec{E}(\vec{k},\omega)$ (relazione valida nel caso in cui la suscettività non dipende $\vec{r}$).

Se il mezzo è isotropo, la suscettività è una costante, e quindi l'equazione trasformata con Fourier nel dominio $(\vec{k},\omega)$ è:

$$-k^2 \vec{E}(\vec{k},\omega) + \frac{\omega^2}{c^2}\vec{E}(\vec{k},\omega) = -\mu_o \omega^2 \vec{P}(\vec{k},\omega) = -\mu_o \omega^2 \varepsilon_o \chi(\omega)\vec{E}(\vec{k},\omega) \tag{2.35}$$

con:

$$k^2 = \frac{\omega^2}{c^2}\{1 + \chi(\omega)\} \;,\; \eta(\omega) = \sqrt{1 + \chi(\omega)} \tag{2.36}$$

Perciò l'indice di rifrazione è complesso, con una parte reale ed una immaginaria:

$$n(\omega) + i\kappa(\omega) = \sqrt{1 + \chi'(\omega) + i\chi''(\omega)} \;. \tag{2.37}$$

Abbiamo quindi le relazioni:

$$
\begin{aligned}
n^2(\omega) - \kappa^2(\omega) &= 1 + \chi'(\omega) = \varepsilon'(\omega)/\varepsilon_o \\
2n(\omega)\kappa(\omega) &= \chi''(\omega) = \varepsilon''(\omega)/\varepsilon_o
\end{aligned}
\tag{2.38}
$$

Per la luce visibile, $n^2(\omega) = 1 + \chi'(\omega)$ è una buona approssimazione. Quindi la rifrazione è legata solamente a χ'.

Se il mezzo è non lineare allora siamo di fronte ad una situazione più complessa, dove $\vec{P}(t,\vec{r}) = \vec{P}^{(1)}(t,\vec{r}) + \vec{P}^{(2)}(t,\vec{r}) + ... + \vec{P}^{(n)}(t,\vec{r}) + ...$ con:

$$\vec{P}^{(1)}(t,\vec{r}) = \varepsilon_o \int_{-\infty}^{\infty} \chi^{(1)}(\omega,\vec{r})\vec{E}(\omega,\vec{r})e^{-i\omega t}d\omega \tag{2.39}$$

$$\vec{P}^{(n)}(t,\vec{r}) = \varepsilon_o \int_{-\infty}^{\infty} d\omega_1 ... \int_{-\infty}^{\infty} d\omega_n \chi^{(n)}(\omega_1,...,\omega_n,\vec{r})\vec{E}(\omega_1,\vec{r})...\vec{E}(\omega_n,\vec{r})e^{-[it\sum_{m=1}^{n}\omega_n]}$$

$$\tag{2.40}$$

dove abbiamo i vari contributi alla polarizzazione ai diversi ordini di risposta al campo elettrico applicato.

Nel caso lineare abbiamo una polarizzazione lineare nel campo elettrico dell'onda con la costante di proporzionalità $\chi^{(1)}$ è la suscettività lineare. Intendiamo così che il sistema risponde nella stessa maniera alle diverse frequenze. In ottica non lineare, dobbiamo introdurre $\chi^{(2)}$ e $\chi^{(3)}$ che sono rispettivamente le suscettività non lineari del secondo e del terzo ordine.

Se si suddivide la polarizzazione nella sua parte lineare e in quella non lineare come nel seguente modo:

$$\vec{P}(t,\vec{r}) = \vec{P}^{(1)}(t,\vec{r}) + \vec{P}^{NL}(t,\vec{r}) \tag{2.41}$$

e la si sostituisce nell'equazione d'onda:

$$\nabla^2 \vec{E}(\vec{r},t) - \frac{1}{c^2}\frac{\partial^2 \vec{E}(\vec{r},t)}{\partial t^2} = \mu_o \frac{\partial^2 \vec{P}(\vec{r},t)}{\partial t^2} \tag{2.42}$$

otteniamo:

$$\nabla^2 \vec{E} - \frac{n^2}{c^2}\frac{\partial^2}{\partial t^2}\vec{E} = \mu_o \frac{\partial^2}{\partial t^2}\left(\vec{P}^{NL}\right) \tag{2.43}$$

dove compare n, l'indice di rifrazione, che contiene già l'informazione sulla polarizzazione lineare. Si ha quindi un'equazione non omogenea in cui anche la $\vec{P}^{NL}$ agisce da termine di sorgente. Il campo elettrico risulta guidato dalla polarizzazione sia lineare che non lineare ed è per questa ragione che, al fine di sapere quali componenti spettrali saranno presenti nella luce, si deve analizzare il vettore $\vec{P}^{NL}$.

2.8 MATCHING DI FREQUENZA

Prendiamo la propagazione della luce è descritta dall'equazione d'onda:

$$\nabla^2 \vec{E} - \frac{1}{c_o^2} \frac{\partial^2 \vec{E}}{\partial t^2} = \mu_o \frac{\partial^2 \vec{P}}{\partial t^2} \qquad (2.44)$$

dove $\vec{P}$ è la polarizzazione totale del mezzo. Ma possiamo suddividere i contributi lineare da quelli non lineari e quindi avere: $\vec{P} = \vec{P}^{(1)} + P^{NL} = \varepsilon_o \chi \vec{E} + \vec{P}^{NL}$. Se trascuriamo la dispersione del mezzo, ci troviamo a risolvere il seguente problema:

$$\nabla^2 \vec{E} - \frac{n^2}{c^2} \frac{\partial^2 \vec{E}}{\partial t^2} = -\vec{S} \qquad (2.45)$$

dove abbiamo introdotto l'indice di rifrazione per considerare la parte lineare e un termine di sorgente: $\vec{S} = -\mu_o \frac{\partial^2 \vec{P}^{NL}}{\partial t^2}$. Si tratta il termine $\vec{S}$, dipendente dalla parte non lineare della polarizzazione, come una sorgente che irradia in un mezzo lineare d'indice di rifrazione n, producendo il campo $\vec{E}$, campo che va ad aggiungersi ai campi preesistenti.

Per comprendere che cosa è il matching di frequenza prendiamo in esame il caso di un mezzo non lineare del second'ordine. Mescoliamo tre onde: il campo elettrico totale è la sovrapposizione di 3 onde di frequenze angolari $\omega_1, \omega_2, \omega_3$ e di ampiezze complesse A_1, A_2, A_3. Nelle equazioni scritte di seguito trattiamo il problema come fosse un problema scalare, ma in effetti, si deve considerare anche la polarizzazione delle onde.

Assumiamo un campo $E(t) = \sum A_i \exp(i\omega_i t)$, dove $i = \pm 1, \pm 2, \pm 3$. Si ha un campo reale quando $\omega_{-i} = -\omega_i$; $A_{-i} = A_i^*$. Sostituendo quest'espressione per E in (2.43) si ottiene una singola equazione contenente vari termini, ognuno dei quali è una funzione armonica di una certa frequenza.

Se le frequenze $\omega_1, \omega_2, \omega_3$ sono distinte, è possibile spezzare questa equazione in 3 equazioni differenziali eguagliando ambo i membri della (4.43) per ogni frequenza separatamente. Il risultato può essere scritto come 3 equazioni di Helmoltz con sorgente, del tipo:

$$\left(\nabla^2 + \frac{n_i^2}{c^2} \omega_i^2 \right) A_i = -S_i \qquad (2.46)$$

dove S_i è la componente a frequenza ω_i:

$$S(t) = \mu_0 \chi^{(2)} \sum_{i,j=\pm 1, \pm 2, \pm 3} (\omega_i + \omega_j)^2 A_i A_j \, exp\,[i(\omega_i + \omega_j)t)] \qquad (2.47)$$

ed è la somma molti addendi. Ogni ampiezza complessa delle tre onde soddisfa l'equazione di Helmoltz con sorgente pari alla componente di S a quella frequenza. Se le tre frequenze $\omega_1, \omega_2, \omega_3$ sono incommensurabili, allora S non contiene componenti di frequenza $\omega_1, \omega_2, \omega_3$ e quindi le sorgenti S_1, S_2, S_3 sono nulle e le tre onde non interagiscono perché non si ha il *frequency matching*.

Se invece, ad esempio si ha $\omega_1 + \omega_2 = \omega_3$, ci troviamo nel caso in cui la terza frequenza è la somma delle altre due. Delle combinazioni possibili si "salvano" solo:

$$\omega_1 = \omega_3 - \omega_2 \qquad \text{da cui:} \left(\nabla^2 + \frac{n_1^2}{c^2} \omega_1^2 \right) A_1 = -\mu_0 \varepsilon_0 \omega_1^2 \chi^{(2)} A_3 A_2^* \qquad (2.48)$$

$$\omega_2 = \omega_3 - \omega_1 \qquad \text{da cui:} \left(\nabla^2 + \frac{n_2^2}{c^2} \omega_2^2 \right) A_2 = -\mu_0 \varepsilon_0 \omega_2^2 \chi^{(2)} A_3 A_1^* \qquad (2.49)$$

$$\omega_3 = \omega_1 + \omega_2 \qquad \text{da cui:} \left(\nabla^2 + \frac{n_3^2}{c^2} \omega_3^2 \right) A_3 = -\mu_0 \varepsilon_0 \omega_3^2 \chi^{(2)} A_1 A_2 \qquad (2.50)$$

Notiamo che se moltiplichiamo la frequenza per $\hbar$, abbiamo l'energia del fotone. Quindi ad esempio $\omega_1 = \omega_3 - \omega_2$ diventa $\hbar\omega_1 = \hbar\omega_3 - \hbar\omega_2$ che è una conservazione dell'energia.

2.9 IL MATCHING DELLA FASE

Torniamo all'equazione delle onde:

$$\nabla^2 \vec{E}(\vec{r},t) - \frac{1}{c^2}\frac{\partial^2 \vec{E}(\vec{r},t)}{\partial t^2} = \mu_o \frac{\partial^2 \vec{P}(\vec{r},t)}{\partial t^2} \qquad (2.51)$$

L'interazione dell'onda con il materiale produce la non linearità della polarizzazione. Decomponiamo il campo elettrico e la polarizzazione in onde piane:

$$\vec{E}(\vec{r},t) = \sum_i \vec{A}_i e^{i(\vec{k}_i \cdot \vec{r} - \omega_i t)} = \sum_i \vec{E}_i(\vec{k}_i, \omega_i)$$

$$\vec{P}(\vec{r},t) = \vec{P}^{(1)}(\vec{r},t) + P^{NL}(\vec{r},t) = \sum_i \vec{P}_i^{(1)}(\vec{k}_i, \omega_i) + \sum_i \vec{P}_i^{NL}(\vec{k}_i, \omega_i)$$

$$(2.52)$$

otteniamo un'equazione:

$$\left(\nabla^2 + \frac{\omega^2 n^2(\omega)}{c^2}\right)\vec{E}(\vec{k},\omega) = -\mu_o \omega^2 \vec{P}^{NL}(\vec{k}_m, \omega_m = \omega) \qquad (2.53)$$

dove $\vec{P}^{NL}(\vec{k}_m, \omega_m = \omega)$ è una polarizzazione non lineare, dovuta al prodotto dei campi $\vec{E}_1(\vec{k}_1, \omega_1), \ldots, \vec{E}_n(\vec{k}_n, \omega_n)$.

Per ciascuno degli n campi $\vec{E}_i(\vec{k}_i, \omega_i)$, ci sono n equazioni d'onda corrispondenti con la struttura dell'equazione 2.53. Notiamo che mentre ω_m deve essere uguale a ω nell'espressione di $\vec{P}^{NL}(\vec{k}_m, \omega_m)$, per via della conservazione dell'energia dei fotoni nel caso stazionario, $\vec{k}_m$ non deve essere necessariamente uguale a $\vec{k}$ poiché la conservazione della quantità di moto dell'onda non è richiesta nei mezzi finiti (l'onda è piana nel vuoto e lontano dalle sorgenti).

Facciamo un esempio con tre onde $\vec{E}_1(\vec{k}_1,\omega_1)$, $\vec{E}_2(\vec{k}_2,\omega_2)$ e $\vec{E}(\vec{k},\omega=\omega_1+\omega_2)$ che interagiscono in un mezzo con polarizzazione del secondo ordine.

Le equazioni accoppiate sono:

$$\left(\nabla^2 + \frac{\omega_1^2 n^2(\omega_1)}{c^2}\right)\vec{E}_1(\vec{k}_1,\omega_1) = -\mu_o\varepsilon_o\omega_1^2\chi^{(2)}(\omega_1=-\omega_2+\omega)\vec{E}_2^*(\vec{k}_2,\omega_2)\vec{E}(\vec{k},\omega)$$

$$(2.54)$$

$$\left(\nabla^2 + \frac{\omega_2^2 n^2(\omega_2)}{c^2}\right)\vec{E}_2(\vec{k}_2,\omega_2) = -\mu_o\varepsilon_o\omega_2^2\chi^{(2)}(\omega_2=\omega-\omega_1)\vec{E}(\vec{k},\omega)\vec{E}_1^*(\vec{k}_1,\omega_1)$$

$$(2.55)$$

$$\left(\nabla^2 + \frac{\omega^2 n^2(\omega)}{c^2}\right)\vec{E}(\vec{k},\omega) = -\mu_o\varepsilon_o\omega^2\chi^{(2)}(\omega=\omega_1+\omega_2)\vec{E}_1(\vec{k}_1,\omega_1)\vec{E}_2(\vec{k}_2,\omega_2)$$

$$(2.56)$$

Non richiediamo esplicitamente la conservazione su $\vec{k}$. Se però si ha che $\vec{k}=\vec{k}_1+\vec{k}_2$, questa relazione porta ad un notevole incremento dell'accoppiamento. Questo matching della quantità di moto dei fotoni è conosciuta come condizione di matching della fase.

2.10 POLARIZZAZIONE DEL SECONDO E TERZO ORDINE

Partiamo sempre dalla trasformata di Fourier del campo elettrico:

$$\vec{E}(\omega) = \frac{1}{2\pi} \int_{-\infty}^{\infty} \vec{E}(t)e^{-i\omega t}dt \quad ; \quad \vec{E}^*(\omega) = \frac{1}{2\pi} \int_{-\infty}^{\infty} \vec{E}(t)e^{-i\omega t}dt \tag{2.57}$$

con $\vec{E}(\omega) = \vec{E}^*(-\omega)$, e calcoliamo le polarizzazioni. Tralasciamo il vettore numero d'onda.

$$\vec{P}^{(2)}(\omega_3 = \omega_1 + \omega_2) = \varepsilon_o \chi^{(2)}(\omega_1, \omega_2)\vec{E}(\omega_1)\vec{E}(\omega_2)$$

$$\vec{P}^{(2)}(\omega_1 = \omega_3 - \omega_2) = \varepsilon_o \chi^{(2)}(\omega_3, -\omega_2)\vec{E}(\omega_3)\vec{E}^*(\omega_2)$$

$$\vec{P}^{(2)}(\omega_2 = \omega_3 - \omega_1) = \varepsilon_o \chi^{(2)}(\omega_3, -\omega_1)\vec{E}(\omega_3)\vec{E}^*(\omega_1) \tag{2.58}$$

$$\vec{P}^{(3)}(\omega_4 = \omega_1 + \omega_2 + \omega_3) = \varepsilon_o \chi^{(3)}(\omega_1, \omega_2, \omega_3)\vec{E}(\omega_1)\vec{E}(\omega_2)\vec{E}(\omega_3)$$

$$\vec{P}^{(3)}(\omega_1 = \omega_4 - \omega_2 - \omega_3) = \varepsilon_o \chi^{(3)}(\omega_4, -\omega_2, -\omega_3)\vec{E}(\omega_4)\vec{E}^*(\omega_2)\vec{E}^*(\omega_3)$$

$$\vec{P}^{(3)}(\omega_2 = \omega_4 - \omega_1 - \omega_3) = \varepsilon_o \chi^{(3)}(\omega_4, -\omega_1, -\omega_3)\vec{E}(\omega_4)\vec{E}^*(\omega_1)\vec{E}^*(\omega_3)$$

$$\vec{P}^{(3)}(\omega_3 = \omega_4 - \omega_1 - \omega_2) = \varepsilon_o \chi^{(3)}(\omega_4, -\omega_1, -\omega_2)\vec{E}(\omega_4)\vec{E}^*(\omega_1)\vec{E}^*(\omega_2)$$

$$\tag{2.59}$$

Vediamo un caso particolare, dove ci siano due frequenze, una doppia dell'altra.

Prendiamo i due campi elettrici con una dipendenza dalla coordinata spaziale z della forma: $\vec{E}_1(\omega, z) = \vec{a}_1 A_1(z)e^{ik_1 z}$ e $\vec{E}_2(2\omega, z) = \vec{a}_2 A_2(z)e^{ik_2 z}$. $\vec{a}_1$, $\vec{a}_2$ sono i versori del campo elettrico. Si ha:

$$\vec{P}^{(2)}(2\omega, z) = \varepsilon_o \chi^{(2)}(\omega, \omega)\vec{E}_1(\omega)\vec{E}_1(\omega) = \varepsilon o \chi^{(2)}(\omega, \omega)\vec{a}_1 \vec{a}_1 A_1^2(z)e^{2ik_1 z}$$

$$\vec{P}^{(2)}(\omega, z) =$$

$$\varepsilon_o \chi^{(2)}(2\omega, -\omega)\vec{E}_2(2\omega)\vec{E}_1^*(\omega) = \varepsilon_o \chi^{(2)}(2\omega, -\omega)\vec{a}_2 \vec{a}_1 A_2(z)A_1^*(z)e^{i(k_2 - k_1)z}$$

$$\tag{2.60}$$

E così abbiamo visto come far comparire esplicitamente il vettore numero d'onda nella polarizzazione. Con queste polarizzazioni possiamo studiare il problema della generazione della seconda armonica. Da queste espressioni della polarizzazione ricaviamo le equazioni per l'ampiezza delle onde (vedi cap.4).

Se ci sono tre onde con $\vec{E}(\omega_1, z) = \vec{a}_1 A_1 e^{ik_1 z}$, $\vec{E}(\omega_2, z) = \vec{a}_2 A_2 e^{ik_2 z}$ e $\vec{E}(\omega_3 = \omega_1 - \omega_2, z) = \vec{a}_3 A_3 e^{ik_3 z}$, si avranno le polarizzazioni seguenti:

$$\vec{P}^{(2)}(\omega_1, z) = \varepsilon_o \chi^{(2)}(\omega_2, \omega_3) \vec{a}_2 \vec{a}_3 A_2 A_3 e^{i(k_2 + k_3)z}$$

$$\vec{P}^{(2)}(\omega_2, z) = \varepsilon_o \chi^{(2)}(\omega_1, -\omega_3) \vec{a}_1 \vec{a}_3 A_1 A_3^* e^{i(k_1 - k_3)z}$$

$$\vec{P}^{(2)}(\omega_3, z) = \varepsilon_o \chi^{(2)}(\omega_1, -\omega_2) \vec{a}_1 \vec{a}_2 A_1 A_2^* e^{i(k_1 - k_2)z} \qquad (2.61)$$

Con queste polarizzazioni possiamo studiare il problema di come tre onde si vanno a mischiate nel materiale (three-wave mixing). Le polarizzazioni nelle (2.61) sono quelle che compiano nel oscillatore armonico parametrico, con ω_1 frequenza del fascio di pompa, ω_2 del segnale ed ω_3 del fascio "idler".

3
MODELLO ATOMICO DELLA SUSCETTIVITÀ

Un modello atomico molto semplice per discutere la suscettività è quello di Lorentz. Il modello tratta l'atomo come un oscillatore armonico forzato ed è una buona descrizione delle proprietà ottiche lineari nel caso di dielettrici. Il modello di Lorentz, insieme al modello di Drude, fornisce una trattazione di base sul comportamento delle onde elettromagnetiche nei mezzi materiali. Il dielettrico è concepito microscopicamente come un sistema costituito da elettroni in parte legati ed in parte liberi. Gli elettroni legati sono sottoposti ad una forza elastica di richiamo attorno ad un centro attrattore di carica positiva, mentre gli elettroni liberi possono muoversi liberamente in tutto il materiale.

Al fine di calcolare le suscettività non lineari si estende il modello di Lorentz, considerando la presenza di termini non lineari nella forza di richiamo esercitata sugli elettroni. Un limite di questo modello è che assegna un'unica frequenza di risonanza al sistema atomico. Una teoria della suscettività basata sul formalismo della meccanica quantistica permette, al contrario, di assegnare all'atomo diversi autovalori dell'energia e perciò più frequenze di risonanza. L'oscillatore classico anarmonico fornisce una buona descrizione per quei casi in cui le frequenze ottiche sono molto minori della più bassa frequenza di risonanza del sistema.

3.1 PRIMO TERMINE NON LINEARE DELLO SVILUPPO

Assumendo che la forza di richiamo sia una funzione non lineare dello spostamento dell'elettrone dalla sua posizione d'equilibrio, esprimiamo la forza come sviluppo in serie di Taylor rispetto allo spostamento x:

$$F_{res} = -m\omega_o^2 x - max^2 - mbx^3 + \ldots \tag{3.1}$$

Chiediamoci quale sia il primo termine non nullo in questo sviluppo per sapere di che natura e di quale entità sia la correzione. In generale si presentano due casi a seconda che il mezzo presenti o non presenti simmetria per inversione. Calcolando la funzione energia potenziale corrispondente a F_{res} si ha:

$$U(x) = -\int F_{res}\,dx = \frac{1}{2}m\omega_o^2 x^2 + \frac{1}{3}max^3 + \frac{1}{4}mbx^4 + \ldots \qquad (3.2)$$

Per un mezzo dotato di simmetria per inversione $U(x) = U(-x)$, la funzione U può contenere solo potenze pari di x quindi, affinché il secondo termine sia nullo, si deve avere $a = 0$. Si ha perciò che:

	Mezzi con centro di simmetria	Mezzi senza centro di simmetria
I° termine diverso da zero	$-mbx^3$	$-max^2$

3.2 CALCOLO DELLA SUSCETTIVITA'

Applichiamo all'oscillatore un campo con la seguente forma:

$$E(t) = \frac{1}{2}E_1 e^{-i\omega 1 t} + \frac{1}{2}E_2 e^{-i\omega 2 t} + c.c. \qquad (3.3)$$

Il fatto di prendere due frequenze sarà chiaro nel seguito della discussione, che analizza il caso non lineare. L'equazione del moto per l'elettrone è:

$$\frac{d^2 x}{dt^2} + \gamma \frac{dx}{dt} + \omega_o^2 x + ax^2 = -\frac{e}{m}E(t) \qquad (3.4)$$

cui non è possibile trovare una soluzione generale. Se il campo è sufficientemente debole, il termine non lineare è molto più piccolo di quello lineare. L'equazione può essere risolta con il metodo perturbativo. Rimpiazziamo perciò $E(t)$ con $\lambda E(t)$ dove λ è un parametro che varia tra zero e uno che modula l'ampiezza del campo incidente e che viene posto uguale ad uno alla fine del calcolo.

$$\frac{d^2x}{dt^2} + \gamma \frac{dx}{dt} + \omega_o^2 x + ax^2 = -\lambda \frac{e}{m} E(t)$$ (3.5)

Cerchiamo ora una soluzione in forma di serie di potenze di λ cioè:

$$x = \lambda x^{(1)} + \lambda^2 x^{(2)} + \lambda^3 x^{(3)} + \dots$$ (3.6)

Affinché quest'espressione sia soluzione per ogni valore di λ è necessario che i termini proporzionali $\lambda, \lambda^2, \lambda^3$ ecc. soddisfino separatamente l'equazione. Sostituendo la soluzione si ottiene perciò un sistema di equazioni:

$$\frac{d^2x^{(1)}}{dt^2} + \gamma \frac{dx^{(1)}}{dt} + \omega_o^2 x^{(1)} = -\frac{e}{m} E(t)$$ (3.7)

$$\frac{d^2x^{(2)}}{dt^2} + \gamma \frac{dx^{(2)}}{dt} + \omega_o^2 x^{(2)} + a[x^{(1)}]^2 = 0$$ (3.8)

L'equazione per il contributo d'ordine più basso è la stessa di quella per il modello lineare, è risolta per:

$$x^{(1)}(t) = -\frac{e}{m} \frac{E_1}{\omega_o^2 - \omega_1^2 - i\omega_1\gamma} e^{-i\omega_1 t} - \frac{e}{m} \frac{E_2}{\omega_o^2 - \omega_2^2 - i\omega_2\gamma} e^{-i\omega_2 t} + c.c.$$ (3.9)

l'espressione per $x^{(1)}$ va ora elevata al quadrato e sostituita nell'equazione per $x^{(2)}$. Il quadrato di $x^{(1)}$ contiene termini di frequenza:

$$\pm 2\omega_1, \ \pm 2\omega_2, \ \pm(\omega_1 + \omega_2), \ \pm(\omega_1 - \omega_2), \ 0$$ (3.10)

Notiamo che vi è anche un termine a frequenza nulla, ossia un termine costante (rettificazione). Consideriamo in dettaglio la risposta a frequenza $\omega_1 + \omega_2$. Risolvendo l'equazione si ha:

$$x^{(2)}(t) = x^{(2)}(\omega_1 + \omega_2)e^{-i(\omega_1 + \omega_2)t} + c.c. \qquad (3.11)$$

$$x^{(2)}(\omega_1 + \omega_2) = \frac{-\dfrac{a}{4}(e/m)^2 E_1 E_2}{D(\omega_1 + \omega_2)D(\omega_1)D(\omega_2)} \qquad (3.12)$$

dove con $D(\omega)$ si indica il denominatore risonante, cioè: $D(\omega) = \omega_o^2 - \omega^2 - i\omega\gamma$.

Esprimiamo ora questi risultati in termini di $\chi^{(1)}$ e $\chi^{(2)}$; $\chi^{(1)}$ è così definita:

$$P^{(1)}(\omega_i) = \varepsilon_o \chi^{(1)}(\omega_i)E(\omega_i) \qquad (3.13)$$

dove con ω_i indichiamo la generica frequenza angolare. Essendo il contributo lineare alla polarizzazione dato da:

$$P^{(1)}(\omega_i) = -Nex^{(1)}(\omega_i) \qquad (3.14)$$

dove N è il numero di oscillatori per unità di volume. Si ottiene:

$$\chi^{(1)}(\omega_i) = \frac{e^2 N}{\varepsilon_o m D(\omega_i)} \qquad (3.15)$$

Analogamente per $\chi^{(2)}$ e $P^{(2)}$:

$$P^{(2)}(\omega_1 + \omega_2) =$$

$$= \varepsilon_o \chi^{(2)}(\omega_1, \omega_2)E(\omega_1)E(\omega_2) = \varepsilon_o \chi^{(2)}(\omega_1 + \omega_2; \omega_1, \omega_2)E(\omega_1)E(\omega_2)$$

(3.16)

$$P^{(2)}(\omega_1 + \omega_2) = -Nex^{(2)}(\omega_1 + \omega_2)$$

(3.17)

$$\chi^{(2)}(\omega_1 + \omega_2; \omega_1, \omega_2) = \frac{Nae^3}{4\varepsilon_o m^2} \frac{1}{D(\omega_1 + \omega_2)D(\omega_1)D(\omega_2)}$$

(3.18)

Nell'espressione della suscettività si trova spesso l'indicazione esplicita del matching di frequenza (come nella 3.16 e 3.18), con l'introduzione dell'argomento $\omega_1 + \omega_2$. Dopo alcuni calcoli si può scrivere:

$$\chi^{(2)}(\omega_1 + \omega_2; \omega_1, \omega_2) = \frac{\varepsilon_o^2 ma}{N^2 e^3} \chi^{(1)}(\omega_1 + \omega_2)\chi^{(1)}(\omega_1)\chi^{(1)}(\omega_2)$$

(3.19)

dalla quale possiamo vedere come $\chi^{(2)}$, a parte le costanti, si possa esprimere in funzione della suscettività lineare. Questa relazione è conosciuta come "relazione di Mille"r (Appl. Phys. Lett. 5, 17, 1964) Miller notò che per tutti i materiali, a/N sembra essere quasi costante, e quindi:

$$\frac{\chi^{(2)}(\omega_1 + \omega_2; \omega_1, \omega_2)}{\chi^{(1)}(\omega_1 + \omega_2)\chi^{(1)}(\omega_1)\chi^{(1)}(\omega_2)} = \frac{\varepsilon_o^2 ma}{N^2 e^3} \approx \delta$$

(3.20)

che è la costante di Miller. Nel caso in cui: $\omega_1 = \omega$, $\omega_2 = \omega$, si ha:

$$\chi^{(2)}(2\omega; \omega, \omega) = \frac{Nae^3}{4\varepsilon_o m^2} \frac{1}{D(2\omega)D^2(\omega)}$$

(3.21)

che è la suscettività del secondo ordine e descrive la polarizzazione della seconda armonica in un mezzo illuminato con un'onda a frequenza ω. Oltre a questo termine, abbiamo anche una componente a frequenza zero della polarizzazione $P^{(2)}$. In questo caso:

$$\chi^{(2)}(0;\omega,-\omega) = \frac{Nae^3}{4\varepsilon_o m^2} \frac{1}{D(0)D(\omega)D(-\omega)}$$ (3.22)

ed è la suscettività legata alla rettificazione ottica, quindi un input a frequenza singola genera la seconda armonica e la rettificazione ottica.

Nei materiali centrosimmetrici, $a = 0$, e quindi $\chi^{(2)}$ è zero. Un cristallo è detto centrosimmetrico se un suo elettrone che, per effetto di un campo elettrico orientato in una certa direzione e verso, subisce uno spostamento "vede" una struttura cristallina identica a quella che vedrebbe se fosse sottoposto allo stesso campo ma orientato in verso opposto. Se si verifica il contrario il cristallo è detto non-centrosimmetrico. Nei cristalli centrosimmetrici, l'equazione è:

$$\frac{d^2x}{dt^2} + \gamma\frac{dx}{dt} + \omega_0^2 x + bx^3 = -\frac{e}{m}E(t)$$ (3.23)

che con lo stesso metodo usato in precedenza diventa:

$$\frac{d^2x^{(1)}}{dt^2} + \gamma\frac{dx^{(1)}}{dt} + \omega_0^2 x^{(1)} = -\frac{e}{m}E(t)$$ (3.24)

$$\frac{d^2x^{(2)}}{dt^2} + \gamma\frac{dx^{(2)}}{dt} + \omega_0^2 x^{(2)} = 0$$ (3.25)

$$\frac{d^2x^{(3)}}{dt^2} + \gamma\frac{dx^{(3)}}{dt} + \omega_0^2 x^{(3)} - b[x^{(1)}]^3 = 0$$ (3.26)

Mentre il contributo al primo ordine dello spostamento è sempre uguale a quello del caso lineare, il contributo del secondo ordine, essendo regolato da un'equazione smorzata ma non forzata, ha soluzione stazionaria nulla: $x^{(2)}(t) = 0$.

Il primo contributo non nullo è quello di $x^{(3)}(t)$ nella cui equazione il termine forzante è $b[x^{(1)}]^3$. Essendo $x^{(1)}$ proporzionale al campo incidente come nella seguente espressione:

$$x^{(1)}(t) = -\frac{e}{m} \frac{E}{\omega_0^2 - \omega^2 - i\omega\gamma} e^{-i\omega t} \tag{3.27}$$

ne risulta che $x^{(3)}(t)$ dipenderà dal cubo del campo e che quindi la prima correzione non lineare alla polarizzazione sarà $P^{(3)}$. Riassumendo, se il materiale è non centrosimmetrico, il primo termine non lineare è $P^{(2)}$ ($\chi^{(2)}$) e se è centrosimmetrico, il primo termine è $P^{(3)}$ ($\chi^{(3)}$).

$\chi^{(3)}$ si ottiene attraverso calcoli analoghi a quelli fatti per ottenere $\chi^{(2)}$ nel caso non centro-simmetrico. Si ottiene:

$$\chi^{(3)}(\omega_q; \omega_m, \omega_n, \omega_p) = \frac{e^4}{(2m)^3} \frac{3Nb}{D(\omega_q)D(\omega_m)D(\omega_n)D(\omega_p)} \tag{3.28}$$

da cui:

$$\chi^{(3)}(\omega_q; \omega_m, \omega_n, \omega_p) = \frac{\varepsilon_o^4 bm}{8N^3 e^4} \chi^{(1)}(\omega_q)\chi^{(1)}(\omega_m)\chi^{(1)}(\omega_n)\chi^{(1)}(\omega_p)$$

$$\tag{3.29}$$

dove $\omega_q = \omega_m + \omega_n + \omega_p$.

Nel caso in cui $\omega_q = \omega_m + \omega_n + \omega_p$ significhi $\omega = \omega + \omega - \omega$, si ha:

$$\chi^{(3)}(\omega; \omega, \omega, -\omega) = \frac{e^4}{(2m)^3} \frac{3Nb}{D^3(\omega)D(-\omega)}$$ (3.30)

e se $\omega_q = \omega_m + \omega_n + \omega_p$ significa $3\omega = \omega + \omega + \omega$ si ha:

$$\chi^{(3)}(3\omega; \omega, \omega, \omega) = \frac{e^4}{(2m)^3} \frac{3Nb}{D^3(\omega)D(3\omega)}$$ (3.31)

3.3 STIMA DEI COEFFICIENTI

Si può stimare il coefficiente di non linearità a osservando che il contributo lineare e quello non lineare sono comparabili quando lo spostamento dalla posizione di equilibrio x dell'elettrone è dell'ordine delle dimensioni atomiche, cioè dell'ordine della separazione tra gli atomi nel reticolo. Quindi se d è il passo del reticolo abbiamo: $m\omega_0^2 d = mad^2$. Così otteniamo:

$$a = \frac{\omega_0^2}{d}$$ (3.32)

Sostituendo a nell'espressione per $\chi^{(2)}$ dopo aver sostituito $D(\omega)$ con ω_0^2 e se siamo lontani dalla risonanza, posto $N = \frac{1}{d^3}$ otteniamo:

$$\chi^{(2)} \cong \frac{e^3}{\varepsilon_o m^2 \omega_o^4 d^4}$$ (3.33)

Per stimare b, si procede esattamente in modo analogo considerando un mezzo con spostamento è dell'ordine di d: $m\omega_0^2 d = mbd^3$. Attraverso approssimazioni analoghe a quelle usate per $\chi^{(2)}$:

$$\chi^{(3)} \cong \frac{e^4}{\varepsilon_o m^3 \omega_o^6 d^5} \qquad (3.34)$$

Il valore relativo dei vari ordini di suscettività è anche dato da:

$$\left|\chi^{(n)}\right| / \left|\chi^{(n-1)}\right| \approx 1/|E_o| \qquad (3.35)$$

dove $|E_o|$ è l'intensità del campo medio all'interno dell'atono ($10^{11} V/m$ per l'atomo di idrogeno). E poi:

$$\left|P^{(n)}\right| / \left|P^{(n-1)}\right| \approx |E|\left|\chi^{(n)}\right| / \left|\chi^{(n-1)}\right| \approx |E|/|E_o| \qquad (3.36)$$

dove $|E|$ è l'intensità del campo elettrico applicato al materiale.

4
EFFETTI DI POLARIZZAZIONE DEL SECONDO ORDINE

Nel 1961, un anno dopo la realizzazione del primo laser, Peter Franken e il suo gruppo di ricerca dell'Università del Michigan riuscirono a osservare la generazione di radiazione ultravioletta focalizzando un laser rosso a rubino in un cristallo di quarzo. Si trattava della prima realizzazione sperimentale di un fenomeno che consente di convertire parte del fascio in luce con lunghezza d'onda dimezzata. Questa è la «generazione di seconda armonica» ed è uno dei fenomeni che sono raccolti sotto il generico nome di "ottica non lineare".

4.1 GENERAZIONE DI SECONDA ARMONICA

Una volta definite le suscettività non lineari e dopo aver trovato le loro espressioni, si può scrivere la polarizzazione totale che sostituita nell'equazione delle onde fornisce una descrizione completa dei campi presenti nel mezzo. Non entriamo nel dettaglio del calcolo, ma descriviamo qualitativamente i principali fenomeni non lineari. L'analisi la facciamo, come già fatto nei capitoli precedenti, analizzando le frequenze alle quali oscilla il vettore polarizzazione $\vec{P}(t)$.

Consideriamo un fascio monocromatico il cui campo elettrico sia rappresentato da:

$$\vec{E}(t) = \vec{E}\, e^{-i\omega t} + c.c. \tag{4.1}$$

e prendiamo un mezzo senza perdite e senza dispersione. Se abbiamo presente la polarizzazione $\vec{P}^{(2)}$ del secondo ordine, ci troviamo con due contributi :

$$\vec{P}^{(2)}(2\omega) = \varepsilon_o \chi^{(2)}(2\omega;\omega,\omega)\, \vec{E}(\omega)\vec{E}(\omega) \tag{4.2}$$

$$\vec{P}^{(2)}(0) = 2\varepsilon_o \chi^{(2)}(0; \omega, -\omega) \; \vec{E}_1(\omega)\vec{E}_1^*(\omega) \qquad (4.3)$$

Vediamo quindi che il vettore polarizzazione è costituito da un termine a frequenza zero e da un altro a frequenza 2ω.

La derivata seconda rispetto al tempo di $\vec{P}(t)$ ha il ruolo di sorgente nell'equazione per $\vec{E}(t)$: in questo caso c'è la generazione di radiazione alla frequenza di seconda armonica. Il primo termine, quello a frequenza nulla, non porta alla generazione di radiazione dato che la sua derivata seconda è nulla; produce, invece, un effetto noto come rettificazione ottica, cioè la generazione di un campo elettrico statico all'interno del cristallo. La generazione di seconda armonica può essere vista anche considerando l'interazione tra fotoni, come due fotoni a frequenza ω che vengono distrutti e ne viene creato uno a frequenza 2ω.

Un uso comune della produzione di seconda armonica è quello di convertire l'output di un laser a frequenza fissata in una radiazione appartenente ad una regione spettrale differente. Per esempio, il laser Nd:YAG opera nel vicino infrarosso ad una lunghezza d'onda di 1064 nm; la generazione di seconda armonica è usata spesso per produrre la lunghezza d'onda 532 nm che corrisponde ad una luce visibile di colore verde.

Nel caso di non linearità di seconda armonica si ha una polarizzazione data da due termini:

$$\vec{P} = \vec{P}^{(1)} + \vec{P}^{(2)} \qquad (4.4)$$

dove il secondo termine è dovuto alla suscettività del secondo ordine. Se consideriamo il secondo ordine una perturbazione, allora si può scrivere l'equazione d'onda:

$$\nabla^2 \vec{E} - \mu_o \varepsilon_o (1 + \chi^{(1)}) \frac{\partial^2 \vec{E}}{\partial t^2} = -\mu_o \frac{\partial^2 \vec{P}^{(2)}}{\partial t^2} \qquad (4.5)$$

e quindi:

$$\nabla^2 \vec{E} - \frac{n^2}{c^2}\frac{\partial^2 \vec{E}}{\partial t^2} = -\mu_o \frac{\partial^2 \vec{P}^{(2)}}{\partial t^2} \qquad (4.6)$$

Un'onda monocromatica piana, a frequenza ω, sia introdotta nel mezzo a $z = 0$ (il mezzo sia indefinito lungo il piano XY). Con z indichiamo lo spessore. L'onda è: $\vec{E}_1 = \vec{E}_o e^{i(\omega_1 t - k_1 z)}$. Essa è la soluzione dell'equazione al primo ordine. Nella 4.6 possiamo riscrivere il termine di sorgente come:

$$-\mu_o \frac{\partial^2 \vec{P}^{(2)}}{\partial t^2} = -2\mu_o \varepsilon_o \omega_1^2 \chi^{(2)} \vec{E}_o \vec{E}_o e^{i(2\omega_1 t - k_2 t)} \qquad (4.7)$$

che è una sorgente d'onda distribuita nel mezzo, alla profondità z. Questa sorgente emette nuove onde alla seconda armonica della frequenza introdotta. Queste onde si muovono ad una velocità di fase corrispondente alla loro frequenza e si combinano con le altre onde prodotte a z diverse, producendo l'onda risultante nel mezzo. Questa risultante ha l'ampiezza, diciamo a $z = z_o$, dipendente dalle relazioni tra le fasi delle varie componenti che arrivano a z_o. La risultante potrà raggiungere un massimo e poi decrescere all'aumentare dello spessore del mezzo. Indichiamo con $\omega_2 = 2\omega_1$ e k_2, in generale diversa da $2k_1$. L'ampiezza della componente di seconda armonica $\vec{E}_2$ sarà proporzionale alla funzione:

$$E_2 \propto e^{i2(\omega_1 t - k_2 z)} \int_0^z e^{i(k_2 - 2k_1)s} ds \qquad (4.8)$$

dove z è la profondità considerata nella lastra. Scritta in altra maniera:

$$E_2 \propto \frac{1 - e^{i(k_2 - 2k_1)z}}{i(2k_1 - k_2)} e^{i2(\omega_1 t - k_2 z)}$$
(4.9)

Il primo fattore rappresenta i battimenti tra due onde di numero d'onda diverso. Abbiamo quindi un'oscillazione dell'ampiezza tra zero ed un massimo quando z cresce. La distanza:

$$Z_c = \frac{\pi}{|k_2 - 2k_1|}$$
(4.10)

è la "lunghezza di coerenza". Con $k_1 = n_1 \omega_1 / c$, $k_2 = 2 n_2 \omega_1 / c$, con n_1 ed n_2 indici di rifrazione. Allora $Z_c = \frac{\lambda_1}{|n_2 - n_1|}$. Quando si ha il "matching delle fasi", ovvero il matching degli indici, $n_1 = n_2$ allora la coerenza è infinita. Per determinare la lunghezza di coerenza si usa il dispositivo sperimentale in figura 4.1

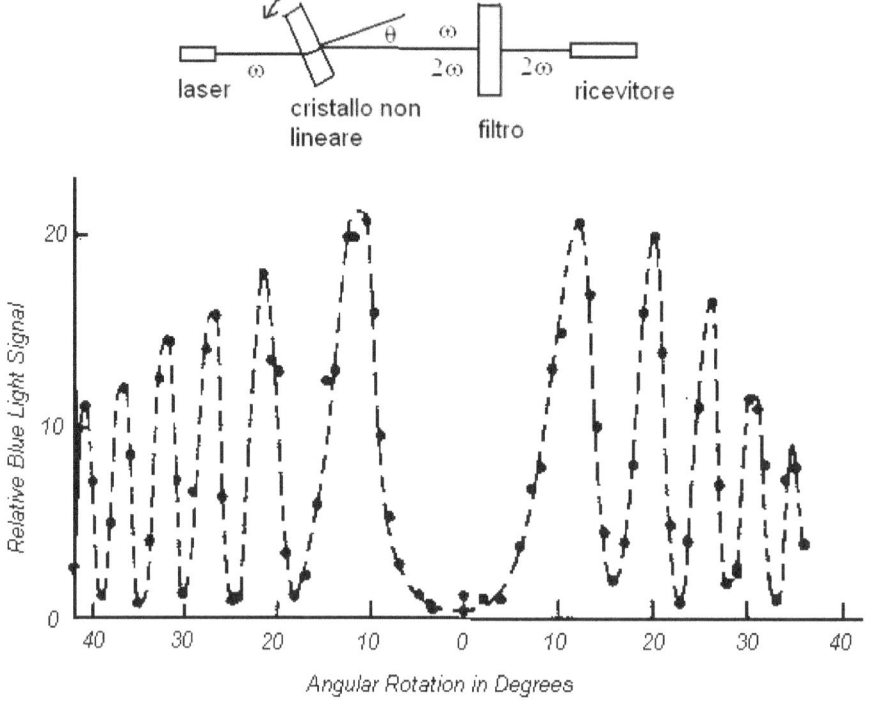

Figura 4.1: Schema dell'apparato sperimentale e risultati sperimentali (dati da P.D. Maker, et al., Phys. Rev. Lett. 8, 19 (1962).

Il segnale del ricevitore presenta delle oscillazioni al variare dello spessore della lastra. Per cambiare lo spessore visto dalla luce nell'attraversare il materiale si ruota la lamina di materiale non lineare. I picchi corrispondono a un numero pari di lunghezze di coerenza.

Nel caso in cui si abbia il matching degli indici, la seconda armonica cresce sempre al crescere dello spessore perché le componenti che si sommano sono sempre in fase. Siccome il flusso totale d'energia deve restare costante (se il mezzo non è assorbente) l'energia si ridistribuisce tra le frequenze.

Se il mezzo è sufficientemente spesso, è così teoricamente possibile che si abbia una completa conversione dall'armonica fondamentale alla seconda armonica.

4.2 GENERAZIONE DELLA FREQUENZA SOMMA E DELLA FREQUENZA DIFFERENZA

Il campo incidente in questo caso è costituito da due distinte componenti in frequenza in questo modo:

$$\vec{E}(t) = \vec{E}_1 e^{-i\omega_1 t} + \vec{E}_2 e^{-i\omega_2 t} + c.c. \tag{4.11}$$

onsiderando il contributo del secondo ordine alla polarizzazione abbiamo:

$$\vec{P}^{(2)}(t) = 2\varepsilon_o \chi^{(2)} (\vec{E}_1 \vec{E}_1^* + \vec{E}_2 \vec{E}_2^*) +$$

$$+ \varepsilon_o \chi^{(2)} (\vec{E}_1 \vec{E}_1 e^{-i2\omega_1 t} + \vec{E}_2 \vec{E}_2 e^{-i2\omega_2 t} + 2\vec{E}_1 \vec{E}_2 e^{-i(\omega_1+\omega_2)t} + c.c.)$$

$$\tag{4.12}$$

Possiamo così analizzare le componenti monocromatiche della polarizzazione. Tra le suscettività non lineari ci sono quelle che descrivono la somma e la differenza delle frequenze:

$$\vec{P}^{(2)}(\omega_1 + \omega_2) = \varepsilon_o \chi^{(2)}(\omega_1 + \omega_2; \omega_1, \omega_2) \vec{E}_1(\omega_1) \vec{E}_2(\omega_2) \tag{4.13}$$

$$\vec{P}^{(2)}(\omega_1 - \omega_2) = \varepsilon_o \chi^{(2)}(\omega_1 - \omega_2; \omega_1, \omega_2) \vec{E}_1(\omega_1) \vec{E}_2^*(\omega_2)$$ (4.14)

Così queste polarizzazioni descrivono processi di generazione di somma e differenza di frequenza. Nel caso degenere, ossia $\omega_1 = \omega_2$, si ha la seconda armonica e la rettificazione. Esiste una relazione tra le suscettività che si chiama regola di Miller (Appl. Phys. Let.. 5, 17 (1964)) e che è la seguente:

$$\chi^{(2)}(\omega_1 + \omega_2; \omega_1, \omega_2) \propto \chi^{(1)}(\omega_1 + \omega_2) \chi^{(1)}(\omega_1) \chi^{(1)}(\omega_2)$$ (4.15)

La costante di proporzionalità è detta costante di Miller, tipicamente, $\delta \approx 2.5 \times 10^{-13} m/V$.

Un'applicazione della generazione della frequenza somma è quella di produrre radiazione tunabile nella regione spettrale dell'ultravioletto e si realizza scegliendo come input due fasci laser, entrambi nel visibile, di cui uno almeno sia tunabile. La produzione di radiazione alla frequenza differenza è invece usata per produrre radiazione infrarossa tunabile. Se consideriamo i fotoni, per la conservazione dell'energia si ha che per ogni fotone creato alla frequenza ω_3 (differenza) ne deve essere distrutto uno alla frequenza ω_1 e creato un altro alla frequenza ω_2.

Commentiamo ora la rettificazione ottica. Come si vede dallo studio dell'oscillatore non lineare (vedi appendice), c'è uno spostamento netto del punto di equilibrio dell'oscillazione come anche un raddoppio di frequenza in risposta alla forza applicata. Ci aspettiamo quindi che la risposta elettrica di un mezzo ottico con non-linearità del secondo ordine, oltre alla seconda armonica, abbia anche una polarizzazione di carica costante. Ossia, una lamina dielettrica attraverso la quale passi un'intensa luce polarizzata, sarà polarizzata elettricamente. Questa è la rettificazione. E' come se un campo elettrostatico fosse applicato alla lamina da una coppia di elettrodi. Questi elettrodi con la lamina tra di loro, trasmettono al detector un segnale indotto dalla presenza della polarizzazione, che indica il passaggio della luce nel mezzo. Il segnale sarà proporzionale all'intensità del fascio laser e massimo nella direzione di polarizzazione dell'onda.

Questa rettificazione è analoga alla rettificazione che si ha nei dispositivi a radiofrequenza con rettificazione a cristallo (radio a galena).

La seguente tabella riassume i fenomeni.

Polarizzazione	Generazione di
$\vec{P}(2\omega_1) = \chi^{(2)}\vec{E}_1\vec{E}_1$; $\vec{P}(2\omega_2) = \chi^{(2)}\vec{E}_2\vec{E}_2$	Seconda armonica
$\vec{P}(\omega_1 + \omega_2) = \varepsilon_o\chi^{(2)}\vec{E}_1\vec{E}_2$	Frequenza somma
$\vec{P}(\omega_1 - \omega_2) = \varepsilon_o\chi^{(2)}\vec{E}_1\vec{E}_2^*$	Frequenza differenza
$\vec{P}(0) = 2\varepsilon_o\chi^{(2)}(\vec{E}_1\vec{E}_1^* + \vec{E}_2\vec{E}_2^*)$	Rettificazione ottica

4.3 PHASE MATCHING

Dobbiamo ora capire in dettaglio come le polarizzazioni non lineari causino la comparsa di nuove onde e come si modifichino le onde esistenti. Ricordiamo che se abbiamo delle polarizzazioni non lineari con frequenze specifiche come input, le frequenze generate sono somme e differenze delle componenti spettrali di input. Per esempio:

$$\vec{P}^{(2)}(\omega_1 + \omega_2) = \varepsilon_o\chi^{(2)}(\omega_1 + \omega_2; \omega_1, \omega_2)\vec{E}(\omega_1)\vec{E}(\omega_2) \qquad (4.16)$$

$$\vec{P}^{(2)}(\omega_3) = \varepsilon_o\chi^{(2)}(\omega_3; \omega_1, \omega_2)\vec{E}(\omega_1)\vec{E}(\omega_2); \qquad (4.17)$$

dove però $\omega_3 = \omega_1 + \omega_2$. La dipendenza dal tempo e dalla componente z della polarizzazione a ω_3 è data da (assumendo tutte le onde collineari e che si propagano lungo la direzione z):

$$P^{(2)}(\omega_3, z) = \varepsilon_0\chi^{(2)}(\omega_3; \omega_1, \omega_2)E(\omega_1)e^{ik_1 z}E(\omega_2)e^{ik_2 z} =$$

$$= \varepsilon_0\chi^{(2)}(\omega_3; \omega_1, \omega_2)E(\omega_1)E(\omega_2)e^{i[(k_1 + k_2)z]} \qquad (4.18)$$

Se $\vec{E}_1$ ed $\vec{E}_2$ hanno lo stessa direzione e il materiale è isotropo, la polarizzazione avrà la stessa direzione dei campi. Possiamo non preoccuparci del segno di vettore.

Introduciamo la seguente funzione:

$$P_{\omega_3}^{(2)}(t,z) = \varepsilon_o \chi^{(2)}(\omega_3;\omega_1,\omega_2)E(\omega_1)E(\omega_2)e^{i[(k_1+k_2)z-\omega_3 t]} + c.c. \qquad (4.19)$$

Notiamo che, mentre l'onda di polarizzazione (4.18) ha frequenza ω_3, la sua costante di propagazione, $k_1 + k_2$, dipende dagli indici di rifrazione per n_1 e n_2. Questo perché la fase della polarizzazione $P_{\omega_3}^{(2)}(t,z)$ dipende localmente dai campi elettrici E_1 e E_2. L'onda E_3, a frequenza ω_3 è generata da questa polarizzazione attraverso l'equazione per E_3.

$$\frac{\partial^2 E_3}{\partial z^2} - \frac{1}{c^2}\frac{\partial^2 E_3}{\partial t^2} = \mu_o \frac{\partial^2 P_{\omega_3}}{\partial t^2} = \mu_o \frac{\partial^2}{\partial t^2}\left[P_{\omega_3}^{(1)}(t,z) + P_{\omega_3}^{(2)}(t,z)\right] \qquad (4.20)$$

dove: $P_{\omega_3}^{(1)}(t,z) = \varepsilon_o \chi^{(1)}(\omega_3)E(\omega_3)e^{i(k_3 z-\omega_3 t)} + c.c.$. Inoltre:

$$k_3 = \frac{n_{\omega_3}\,\omega_3}{c} \qquad (4.21)$$

(la dipendenza dalla frequenza dell'indice di rifrazione è introdotta come pedice, questa è la notazionedi Hagan e Kik; di cui stiamo seguendo in parte l'esposizione). Dobbiamo risolvere la seguente equazione:

$$\frac{\partial^2 E_3}{\partial z^2} - \frac{1+\chi^{(1)}(\omega_3)}{c^2}\frac{\partial^2 E_3}{\partial t^2} = \mu_o \frac{\partial^2}{\partial t^2}\left[P_{\omega_3}^{(2)}(t,z)\right] \qquad (4.22)$$

Cerchiamo una soluzione dove E_3 sia del tipo:

$E_3(t,z) = A_3(z)e^{i(k_3z - \omega_3 t)} + c.c.$ Calcoliamo le derivate di E e P:

$$\frac{\partial E_3}{\partial z} = \left(\frac{\partial A_3}{\partial z} + ik_3 A_3 \right) e^{i(k_3 z - \omega_3 t)} + c.c. \; ; \; \frac{\partial^2 E_3}{\partial t^2} = -\omega_3^2 A_3(z) e^{i(k_3 z - \omega_3 t)} + c.c.$$

$$\frac{\partial^2 E_3}{\partial z^2} = \left[ik_3 \left(\frac{\partial A_3}{\partial z} + ik_3 A_3 \right) + \frac{\partial^2 A_3}{\partial z^2} + ik_3 \frac{\partial A_3}{\partial z} \right] e^{i(k_3 z - \omega_3 t)} + c.c.$$

$$= \left[\frac{\partial^2 A_3}{\partial z^2} + 2ik_3 \frac{\partial A_3}{\partial z} - k_3^2 A_3 \right] e^{i(k_3 z - \omega_3 t)} + c.c.$$

$$\frac{\partial^2 P_{\omega_3}^{(2)}}{\partial t^2} = -\omega_3^2 \varepsilon_o \chi^{(2)}(\omega_3; \omega_1, \omega_2) E(\omega_1) E(\omega_2) e^{i[(k_1 + k_2)z - \omega_3 t]} + c.c..$$

$$(4.23)$$

Facciamo ora un'approssimazione che viene chiamata "slowly varying envelope approximation", dove si assume che le variazioni siano lente e quindi la derivata seconda è più piccola del prodotto della derivata prima col numero d'onda.

Con questa approssimazione si ha:

$$\left| \frac{\partial^2 A_3}{\partial z^2} \right| << 2k_3 \left| \frac{\partial A_3}{\partial z} \right|, \tag{4.24}$$

L'approssimazione è valida se la variazione in $A_3(z)$ è piccola su una scala dell'ordine di λ. La derivata seconda può essere eliminata dall'equazione di propagazione:

$$\left(2ik_3 \frac{\partial A_3}{\partial z} - k_3^2 A_3 \right) e^{i(k_3 z - \omega_3 t)} + c.c. + \frac{1 + \chi^{(1)}(\omega_3)}{c^2} \omega_3^2 A_3(z) e^{i(k_3 z - \omega_3 t)} + c.c. =$$

$$= -\omega_3^2 \mu_o \varepsilon_o \chi^{(2)}(\omega_3; \omega_1, \omega_2) E(\omega_1) E(\omega_2) e^{i((k_1 + k_2)z - \omega_3 t)} + c.c.$$

(4.25)

Siccome $k_3^2 = \dfrac{1 + \chi^{(1)}(\omega_3)}{c^2} \omega_3^2$, si ha:

$$i2k_3 \frac{\partial A_3}{\partial z} e^{ik_3 z} = -\omega_3^2 \mu_o \varepsilon_o \chi^{(2)}(\omega_3; \omega_1, \omega_2) E(\omega_1) E(\omega_2) e^{i(k_1 + k_2)z}$$

(4.26)

$$\frac{\partial A_3}{\partial z} = i \frac{\omega_3 c \mu_0}{2 n_{\omega_3}} \varepsilon_o \chi^{(2)}(\omega_3; \omega_1, \omega_2) E(\omega_1) E(\omega_2) e^{i\Delta kz}$$

(4.27)

dove $\Delta k = k_1 + k_2 - k_3$ è il "phase mismatch". Dato che $P^{(2)}(\omega_3) = \varepsilon_o \chi^{(2)}(\omega_3; \omega_1, \omega_2) E(\omega_1) E(\omega_2)$, si ha:

$$\frac{\partial A_3}{\partial z} = i \frac{\omega_3 c \mu_o}{2 n_{\omega_3}} P^{(2)}(\omega_3) e^{i\Delta kz}$$

(4.28)

Il "phase mismatch" è dovuto al fatto che ci sono tre onde a diverse frequenze che si propagano nel mezzo, con tre diverse velocità. Esse possono essere in opposizione di fase e quindi possiamo avere degli effetti distruttivi nella conversione da un'onda all'altro. Per la generazione di seconda armonica: $P^{(2)}(2\omega) = \varepsilon_o \chi^{(2)}(2\omega; \omega, \omega) E^2(\omega)$, e così abbiamo:

$$\frac{\partial A_2}{\partial z} = i \frac{\omega}{2 n_{2\omega} \varepsilon_o c} \varepsilon_o \chi^{(2)}(2\omega; \omega, \omega) A_1^2 e^{i\Delta k z}$$

(4.29)

64

con, $\Delta k = 2k_\omega - k_{2\omega} = \dfrac{2\omega}{c}\left(n_\omega - n_{2\omega}\right)$.

Comunemente si usa il coefficiente "d_{eff}", definito come $d_{eff} = \chi^{(2)}/2$, e così:

$$\frac{\partial A_2}{\partial z} = i\,\frac{\omega d_{eff}}{2n_{2\omega}\,c}\,A_1^2\,e^{i\Delta k\,z} = i\kappa_2 A_1^2\,e^{i\Delta k\,z}\,, \qquad (4.30)$$

Dove $\omega\,d_{eff}/n_{2\omega}\,c = \kappa_2$ e κ_2 è detta la "figura di merito" per la seconda armonica. Diciamo che il campo fondamentale sia A_1 e che esso sia costante lungo z, l'equazione di risolve facilmente.

$$A_2(z) = A_2(0) + i\kappa_2 A_1^2\,\frac{e^{i\Delta k\,z}-1}{i\Delta k} = A_2(0) + i\kappa_2 A_1^2\,e^{i\Delta k\,z/2}\,z\,\frac{e^{i\Delta k\,z/2} - e^{-i\Delta k\,z/2}}{2i\Delta k\,z/2}$$

$$= A_2(0) + i\kappa_2 A_1^2\,z\,e^{i\Delta k\,z/2}\,\frac{sin(\Delta k\,z/2)}{\Delta k\,z/2}$$

$$(4.31)$$

Se $A_2(0) = 0$, si ha che

$$A_2(z) = i\kappa_2 A_1^2\,z\,e^{i\Delta k\,z/2}\,\frac{sin(\Delta k\,z/2)}{\Delta k\,z/2} \qquad (4.32)$$

L'irradianza sia definita come: $I_\omega = \frac{1}{2}n_\omega c\eta_o\left|A_1\right|^2$ e $I_{2\omega} = \frac{1}{2}n_{2\omega}c\varepsilon_o\left|A_2\right|^2$:

$$I_{2\omega}(z) = \frac{2n_{2\omega}\left|\kappa_2\right|^2 z^2}{n_\omega^2\,c\varepsilon_o}\,I_\omega^2\,sinc^2\left(\frac{\Delta k\,z}{2}\right) = \frac{2\omega^2 d_{eff}^2\,z^2}{n_\omega^2\,n_{2\omega}\,c^3\varepsilon_o}\,I_\omega^2\,sinc^2\left(\frac{\Delta k\,z}{2}\right)$$

$$(4.33)$$

L'irradianza della seconda armonica è proporzionale al quadrato dell'irradianza fondamentale in ingresso. La dipendenza da sinc^2 è mostrata in Fig.4.2

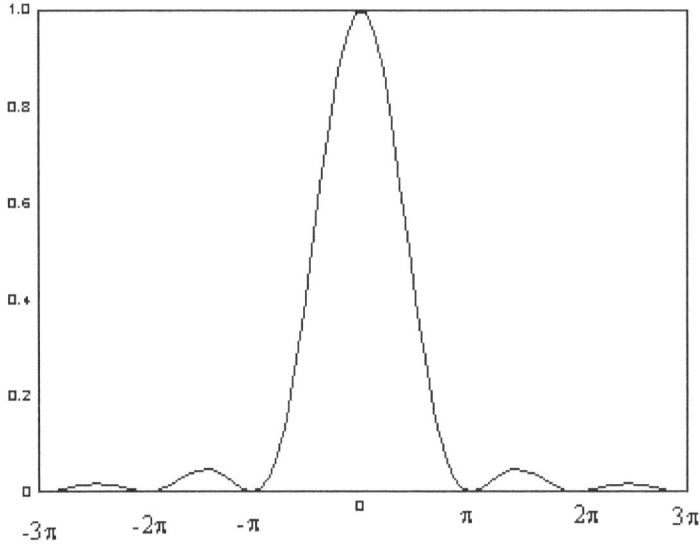

Fig.4.2 Andamento della funzione sinc^2.

Se $\Delta k = 0$, si ha il caso "phase-matched", allora $I_{2\omega} \propto z^2$. Ma se $z\Delta k = \pm 2\pi$, la seconda armonica in uscita è zero. In genere, lo spessore del materiale non lineare è fisso e, a meno di non ruotare il campione, non può essere cambiato.

Vediamo il comportamento di $I_{2\omega}(z)$.

Nelle formule viste sopra si è moltiplicato per sopra e sotto per z per avere nell'espressione di A_2 la funzione sinc. Se questo non viene fatto, si ha invece

$$A_2(z) = i\kappa_2 A_1^2\, e^{i\Delta k\, z/2}\, \frac{sin(\Delta k\, z/2)}{\Delta k/2} \Rightarrow$$

(4.34)

$$\Rightarrow I_{2\omega}(z) = \frac{2n_{2\omega}|\kappa_2|^2}{n_\omega^2\, c\varepsilon_o}\, \frac{I_\omega^2}{(\Delta k/2)^2} \sin^2\!\left(\frac{\Delta k\, z}{2}\right)$$

che è mostrata nella figura 4.3 (nella prima parte del capitolo abbiamo visto un risultato sperimentale).

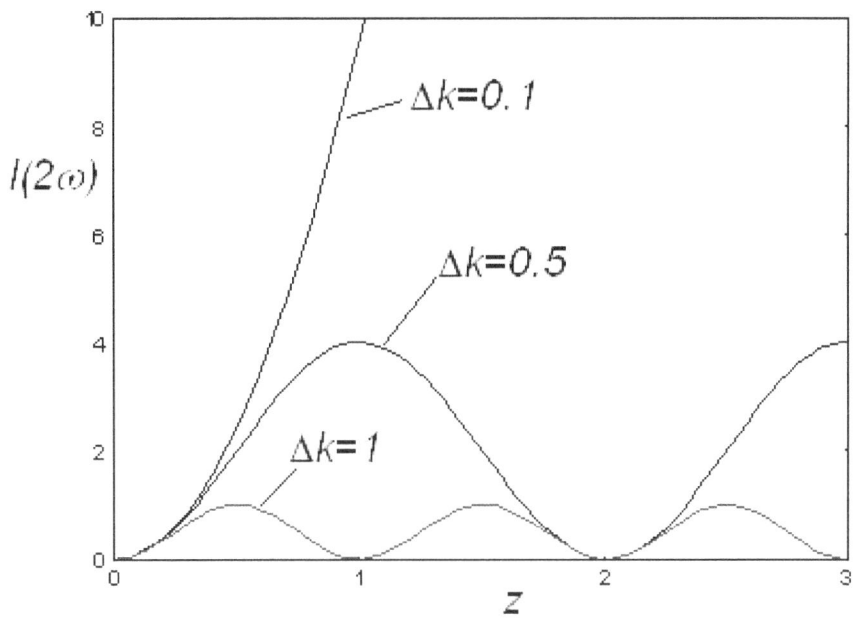

Figura 4.3: Comportamento di $I_{2\omega}(z)$ a seconda del phase mismatch.

Se gli indici di rifrazione per ω e 2ω sono diversi, la seconda armonica che si propaga a velocità $c/n_{2\omega}$, e la polarizzazione generata dall'onda di input con velocità c/n_ω, possono essere in opposizione di fase. Ad esempio, se $z\Delta k/2 = \pi/2$, una "nuova" seconda armonica sarà sfasata di $\pi/2$ rispetto ad una "vecchia" seconda armonica del fronte d'onda. Quindi, a z, la nuova e la vecchia armonica si cancellano. Un'ulteriore propagazione peggiora le cose. Se non si ha $\Delta k = 0$, non c'è nessun vantaggio nell'avere un materiale più spesso di $z = \pi/\Delta k$.

4.4 MIXING DI FREQUENZE PER UP-CONVERSION

Affrontiamo ora il problema di convertire un debole segnale infrarosso di frequenza ω_1 ad un segnale a frequenza visibile ω_3 attraverso il mescolamento con un intenso fascio laser di frequenza ω_2.

Nel calcolo facciamo una semplificazione, assumendo che uno dei campi applicati, quello a frequenza ω_2, sia forte ma l'altro campo, quello a frequenza ω_1 sia debole.

UP-CONVERSION

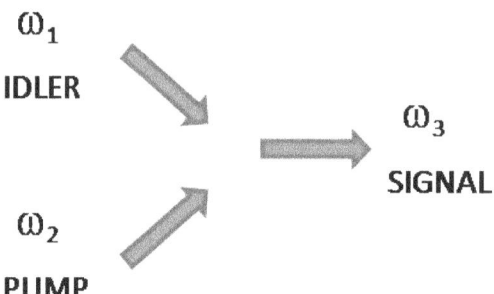

Schema dell''Up-conversion. Il "signal" è ciò che vogliamo ottenere dal mescolamento del fascio "idler" con la pompa.

Questo processo è noto come Up-conversion. Indichiamo con A l'ampiezza complessa dei campi:

$$P^{NL}(\omega_3) = \varepsilon_o \chi^{(2)}(\omega_3; \omega_1, \omega_2) A(\omega_1) A(\omega_2) e^{i(k_1 + k_2)z} \tag{4.35}$$

$$P^{NL}(\omega_2) = \varepsilon_o \chi^{(2)}(\omega_2; \omega_3, \omega_1) A(\omega_1) A^*(\omega_3) e^{i(k_1 - k_3)z} \tag{4.36}$$

$$P^{NL}(\omega_1) = \varepsilon_o \chi^{(2)}(\omega_1; \omega_2, \omega_3) A(\omega_2) A^*(\omega_3) e^{i(k_2 - k_3)z} \tag{4.37}$$

da cui:

$$\frac{dA_3}{dz} = \frac{2\pi i \omega_3^2 \chi^{(2)}}{k_3 c^2} A_1 A_2 e^{i\Delta k z} \tag{4.38a}$$

$$\frac{dA_2}{dz} = \frac{2\pi i \omega_2^2 \chi^{(2)}}{k_2 c^2} A_3 A_1^* e^{i\Delta k z} \tag{4.39a}$$

$$\frac{dA_1}{dz} = \frac{2\pi i \omega_1^2 \chi^{(2)}}{k_1 c^2} A_3 A_2^* e^{i\Delta k z} \tag{4.40a}$$

Supponiamo che l'ampiezza A_2 del campo alla frequenza ω_2 sia somma di due termini, uno grande e costante ed uno correttivo, proveniente dall'interazione con le altre onde, $A_2 = \widetilde{A}_2 + A_2^*$. Le equazioni saranno:

$$\frac{dA_3}{dz} = \frac{2\pi i \omega_3^2 \chi^{(2)}}{k_3 c^2} A_1 \widetilde{A}_2 e^{i\Delta kz} \qquad (4.38b)$$

$$\frac{dA_2^*}{dz} = \frac{2\pi i \omega_2^2 \chi^{(2)}}{k_2 c^2} A_3 A_1^* e^{i\Delta kz} \qquad (4.39b)$$

$$\frac{dA_1}{dz} = \frac{2\pi i \omega_1^2 \chi^{(2)}}{k_1 c^2} A_3 \widetilde{A}_2^* e^{i\Delta kz} \qquad (4.40b)$$

$\widetilde{A}_2$ può essere considerata come una costante, che d'ora in poi chiamiamo semplicemente A_2. Abbiamo così le equazioni:

$$\frac{dA_1}{dz} = K_1 A_3 e^{-i\Delta kz} \qquad (4.41)$$

$$\frac{dA_3}{dz} = K_3 A_1 e^{i\Delta kz} \qquad (4.42)$$

dove:

$$K_1 = \frac{2\pi i \omega_1^2 \chi^{(2)}}{k_1 c^2} A_2^* \qquad (4.43)$$

$$K_3 = \frac{2\pi i \omega_3^2 \chi^{(2)}}{k_3 c^2} A_2 \qquad (4.44)$$

e $\Delta k = k_1 + k_2 - k_3$.

Trattiamo il caso nel quale poniamo $\Delta k = 0$ nell'equazione (4.41).

Il problema ed il calcolo relativo è stato proposto da Lucien Nzuzi Mbenza, nel suo Essay. Di seguito ne riportiamo solo alcuni passaggi.

Deriviamo le equazioni 4.41 e 4.42, ed otteniamo:

$$\frac{d^2 A_1}{dz^2} = K_1 \frac{dA_3}{dz} \qquad (4.45)$$

$$\frac{d^2 A_1}{dz^2} = -k_o^2 A_1 \qquad (4.46)$$

dove introduciamo il coefficiente di accoppiamento k_o^2 definito da: $k_o^2 = -K_1 K_3$. La soluzione generale dell'equazione (4.46) è della forma seguente: $A_1(z) = C\cos(k_o z) + B\sin(k_o z)$.

Dall'equazione (4.41) si ha $K_1^{-1}\left(\dfrac{dA_1}{dz}\right) = A_3(z)$, perciò:

$$A_3(z) = -C\frac{k_o}{K_1}\sin k_o z + B\frac{k_o}{K_1}\cos k_o z \qquad (4.47)$$

La soluzione deve soddisfare le condizioni al contorno. Assumiamo che A_3 non sia presente all'ingresso, così che le condizioni al contorno diventano $A_3(0) = 0$, e $A_1(0)$ è un valore specificato.

Dalla (4.47):

$$A_3(0) = B\frac{k_o}{K_1} = 0 \qquad (4.48)$$

troviamo $B=0$ e $A_1(0) = C$, la soluzione per il campo A_1 è perciò data da

$A_1(z) = A_1(0) \cos k_o z$. Per il campo A_3 è data da $A_3(z) = -A_1(0)\dfrac{k_o}{K_1}\sin k_o z$.

Il rapporto k_o / K_1, si può esprimere come:

$$\frac{k_o}{K_1} = \frac{\sqrt{\dfrac{4\pi^2 \omega_1^2 \omega_3^2 \left(\chi^{(2)}\right)^2}{k_1 k_3 c^4}|A_2|^2}}{K_1} = -i\left(\frac{n_1 \omega_3}{n_3 \omega_1}\right)^{\frac{1}{2}}\frac{|A_2|}{A_2^*} \tag{4.49}$$

$$\frac{|A_2|}{A_2^*} = \frac{A_2}{A_2}\frac{|A_2|}{A_2^*} = \frac{A_2|A_2|}{|A_2|^2} = \frac{A_2}{|A_2|} = e^{i\phi_2} \tag{4.50}$$

da cui: $A_3(z) = i\left(\dfrac{n_1 \omega_3}{n_3 \omega_1}\right)^{\frac{1}{2}} A_1(0) \sin k_o z\, e^{i\phi_2}$.

Le equazioni possono anche essere risolte nel caso generale di un vettore d'onda arbitrario. Le soluzioni sono della seguente forma:

$$A_1(z) = \left(Fe^{igz} + Ge^{-igz}\right)e^{\frac{-i\Delta k z}{2}} \tag{4.51}$$

$$A_3(z) = \left(Ce^{igz} + De^{-igz}\right)e^{\frac{i\Delta k z}{2}} \tag{4.52}$$

dove g è il grado della variazione spaziale del campo, e C, D, F, G sono costanti determinabili dalle condizioni al contorno. Poiché le onde ω_1 e ω_3 sono accoppiate, ci aspettiamo la stessa variazione spaziale. La soluzione esiste se $\dfrac{1}{4}\Delta k^2 - g^2 - K_1 K_3 = 0$, con $g^2 = -K_1 K_3 + \dfrac{1}{4}\Delta k^2$.

Se $\Delta k = 0$ come in precedenza, si ha $-K_1 K_3 = k_o^2$, $g = \sqrt{k_o^2 + \frac{1}{4}\Delta k^2}$.

Notiamo inoltre che $K_3 / k_o = \omega_3 \sqrt{k_1 / k_3} / \omega_1$.

La soluzione del problema che stiamo studiando è data dalle seguenti espressioni:

$$A_1(z) = \left[A_1(0)\cos gz + \left(\frac{K_1}{g} A_3(0) + \frac{i\Delta k}{2g} A_1(0) \right) \sin gz \right] e^{-i\frac{1}{2}\Delta k\, z} \qquad (4.53)$$

$$A_3(z) = \left[A_3(0)\cos gz + \left(\frac{-i\Delta k}{2g} A_3(0) + \frac{K_3}{g} A_1(0) \right) \sin gz \right] e^{i\frac{1}{2}\Delta k\, z} \qquad (4.54)$$

Assegniamo ad $A_3(0)$ il valore zero, ed otteniamo:

$$A_1(z) = \left[A_1(0)\cos gz + \left(\frac{i\Delta k}{2g} A_1(0) \right) \sin gz \right] e^{-i\frac{1}{2}\Delta kz} \qquad (4.55)$$

$$A_3(z) = \left[\left(\frac{K_3}{g} A_1(0) \right) \sin gz \right] e^{i\frac{1}{2}\Delta kz} \qquad (4.56)$$

Possiamo ora prendere il modulo quadro di $A_1(z)$ e $A_3(z)$, ed otteniamo:

$$|A_1(z)|^2 = |A_1(0)|^2 (\cos(gz))^2 + \left(\left| \frac{\Delta k}{2g} \right|^2 |A_1(0)|^2 (\sin(gz))^2 \right) \left| e^{-i\frac{1}{2}\Delta k\, z} \right|^2 \qquad (4.57)$$

$$\frac{|A_1(z)|^2}{|A_1(0)|^2} = (\cos(gz))^2 + \left(\left| \frac{\Delta k}{2g} \right|^2 (\sin(gz))^2 \right) \left| e^{-i\frac{1}{2}\Delta k\, z} \right|^2 \qquad (4.58)$$

$$|A_3(z)|^2 = \left(\left| \frac{K_3}{g} \right|^2 |A_1(0)|^2 (\sin(gz))^2 \right) \left| e^{i\frac{1}{2}\Delta k\, z} \right|^2 \qquad (4.59)$$

oppure

$$\frac{|A_3(z)|^2}{|A_1(0)|^2} = \left(\left|f\,\frac{1}{\sqrt{1+\Delta\tilde{k}^2}}\right|^2 (sin(gz))^2\right)\left|e^{i\frac{k_o}{2}\Delta k z}\right|^2 \qquad (4.60)$$

dove $\Delta\tilde{k} = \Delta k/k_o$; $f = K_3/k_o = \omega_3\sqrt{k_1/k_3}/\omega_1$. Possiamo anche introdurre delle grandezze adimensionate $\tilde{g} = gD$, dove D è lo spessore del campione e quindi: $\tilde{g} = gD = D\sqrt{k_o^2 + \Delta k^2/4}$. Ricordiamo che $k_1 = \dfrac{\omega_1 n_1}{c}$ e $k_3 = \dfrac{\omega_3 n_3}{c}$.

Consideriamo che siano $\omega_1 \approx \omega_2, \omega_3 \approx 2\omega_1$, e $n_1 \approx n_3$. Quindi si ha che $|K_3| \approx 2|K_1|$. Poniamo $\Delta k = 0$; otteniamo $g = 1$. Sostituiamo questi valori nelle equazioni (4.59) e (4.60) ed otteniamo:

$$\frac{|A_1(z)|^2}{|A_1(0)|^2} = cos(\tilde{g}\frac{z}{D})^2 \qquad (4.61)$$

$$\frac{|A_3(z)|^2}{|A_1(0)|^2} = (f)^2\, sin(\tilde{g}\frac{z}{D})^2 \qquad (4.62)$$

che possiamo vedere nel seguente grafico della figura 4.4.

Dalla figura 4.4 si ha che i campi 1 e 3 sono accoppiati: hanno la stessa variazione spaziale. Ricordiamo che A_2 è un forte fascio con ampiezza che possiamo considerare praticamente costante. A_1 è un fascio debole e la sua ampiezza cambia secondo un processo non lineare.

Perciò dal grafico di figura 4.4 deduciamo due fatti:

1. $|A_1|^2$ è debole. Appena $|A_3|^2$ cresce, riduce i fotoni di frequenza angolare ω_1, e quindi $|A_1|$ decresce fino a zero. E poi incomincia il processo inverso.

2. Il massimo di $|A_3|^2$ è maggiore del massimo di $|A_1|^2$. La differenza d'energia proviene dal fascio di pompa, che è molto più forte (per questo motivo abbiamo assunto che $|A_2|^2$ resti invariata nel calcolo).

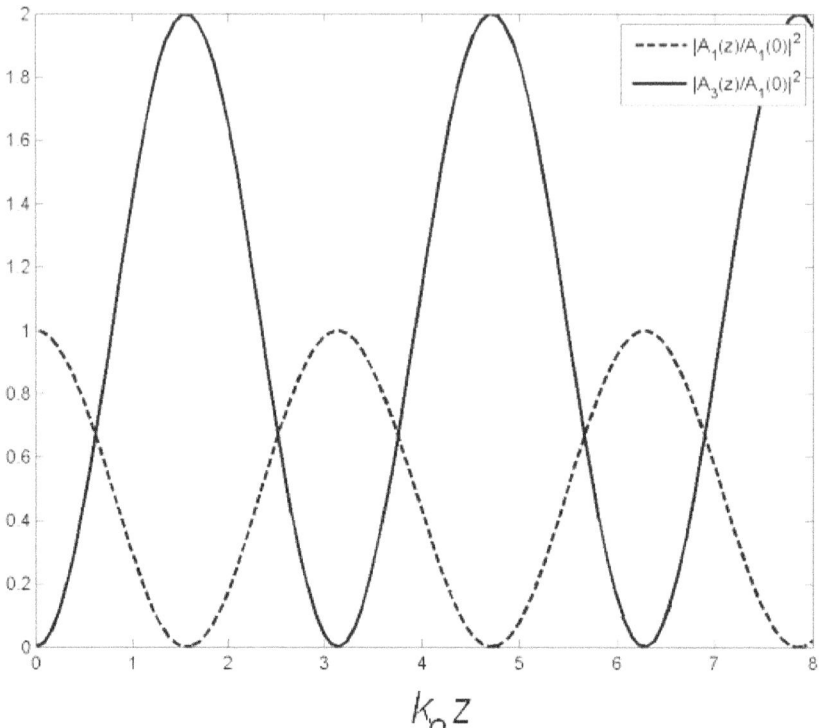

Figura 4..4: Variazione di $|A_1|^2$ (tratteggiata) e $|A_3|^2$ (continua) per il caso di phase matching perfetto nell'approssimazione con $|A_2|^2$ costante.

E ora proponiamo l'effetto del phase mismatch $\Delta \widetilde{k} = \Delta k / k_o$ sulla generazione dell'onda a frequenza ω_3.

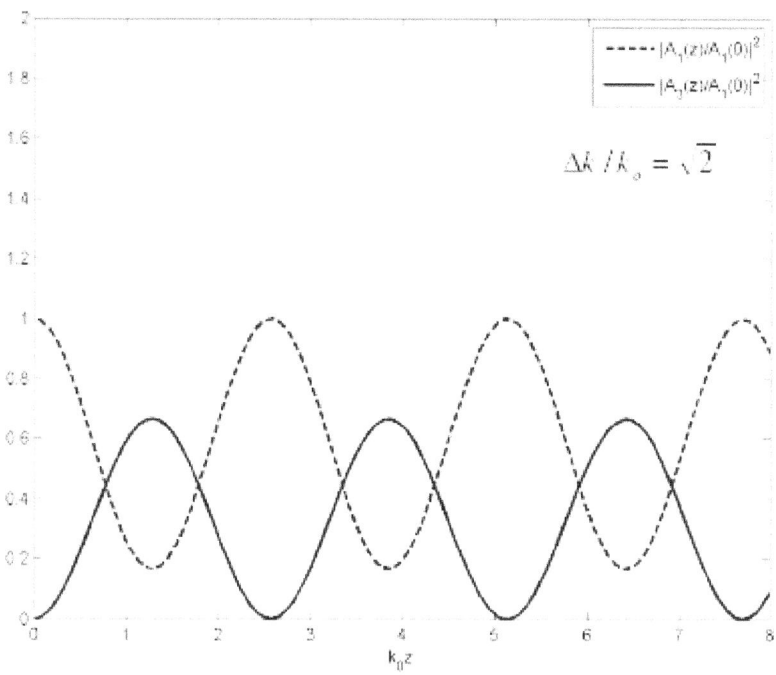

$$\Delta k/k_o = \sqrt{2}$$

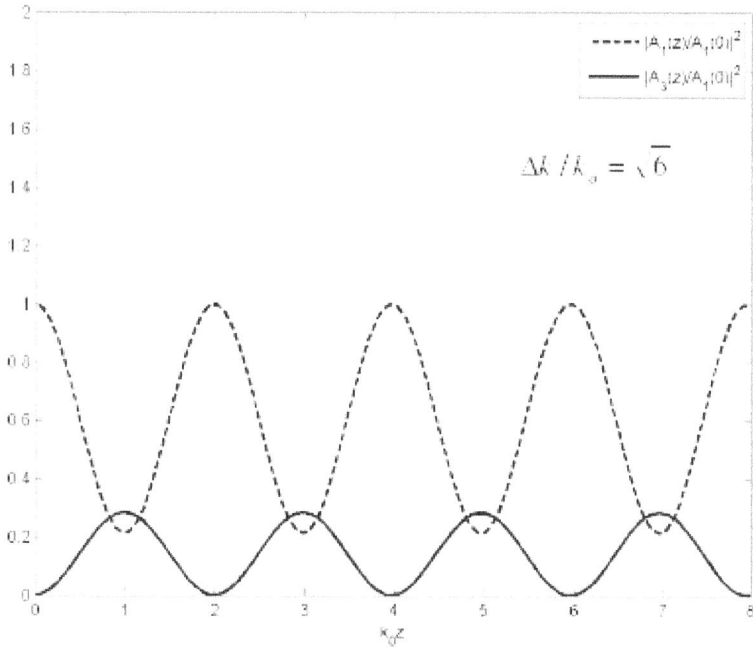

$$\Delta k/k_o = \sqrt{6}$$

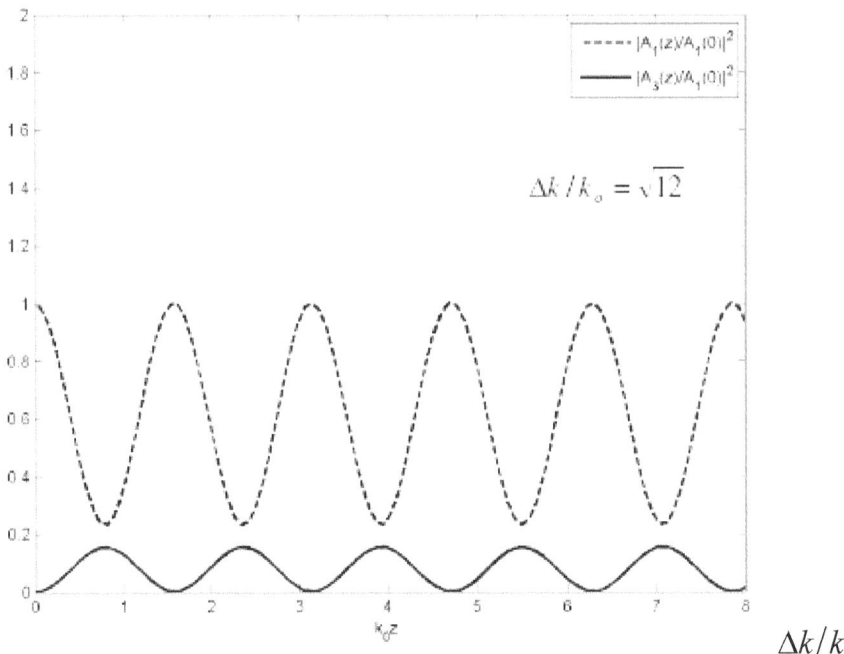

$$\Delta k/k_o = \sqrt{12}$$

Dai grafici possiamo vedere come l'ampiezza del segnale (linea continua) diminuisca al crescere del mismatch, segon che, quando si ha un grosso mismatch, il campo in uscita è completamente disaccoppiato dal campo in ingresso. Anche la periodicità dipende da questo sfasamento.

5
POLARIZZAZIONE DEL III ORDINE

L'indice di rifrazione di molti materiali dipende dall'intensità della luce incidente e può essere descritto in modo fenomenologico come:

$$n = n_0 + n_2 \left\langle E^2 \right\rangle \tag{5.1}$$

dove n_0 sia l'indice di rifrazione per campi incidenti di piccola ampiezza.

Questa dipendenza dell'indice di rifrazione dall'intensità del campo si dice "effetto Kerr". Tutti i materiali mostrano l'effetto Kerr, ma certi liquidi lo mostrano in maniera molto più evidente, L'effetto è stato scoperto da John Kerr, un fisico scozzese nel 1875. Ci sono due casi specifici di effetto Kerr e sono quello elettro-ottico o DC e quello ottico o AC.

5.1 EFFETTO KERR DC

Al fine di spiegare questo comportamento come un effetto della polarizzazione non lineare, consideriamo un campo monocromatico sovrapposto ad un campo DC:

$$\vec{E}(t) = \vec{E}_o + \vec{E}(\omega)e^{-i\omega t} + \vec{E}^*(\omega)e^{i\omega t} \tag{5.2}$$

Siccome $\vec{E}(t)$ è reale, si ha $\vec{E}(\omega) = \vec{E}^*(\omega)$. Per un materiale non lineare, il campo elettrico di polarizzazione $\vec{P}$ dipenderà dal campo elettrico $\vec{E}$:

$$\vec{P} = \varepsilon_o \chi^{(1)} \vec{E} + \varepsilon_o \chi^{(2)} \vec{E}\vec{E} + \varepsilon_o \chi^{(3)} \vec{E}\vec{E}\vec{E} + ... \tag{5.3}$$

Consideriamo la polarizzazione del terzo ordine. Abbiamo:

$$\vec{P}^{(3)}(t) = \varepsilon_o \chi^{(3)} (\vec{E}_o + \vec{E}(\omega)e^{-i\omega t} + \vec{E}^*(\omega)e^{i\omega t})^3 \qquad (5.4)$$

Per l'effetto Kerr DC possiamo trascurare tutti i termini tranne quelli lineari ed i contributi del tipo $\chi^{(3)}|\vec{E}_o|^2 \vec{E}(\omega)$. Quindi:

$$\vec{P}^{(tot)}(\omega) = \varepsilon_o \chi^{(1)} \vec{E}(\omega) + 3\varepsilon_o \chi^{(3)}|\vec{E}_o|^2 \vec{E}(\omega) = \varepsilon_o \chi_{eff} \vec{E}(\omega) \qquad (5.5)$$

Nei liquidi, la variazione della suscettività produce una variazione dell'indice di rifrazione nella direzione del campo elettrico, e quindi troviamo una birifrangenza indotta nel mezzo pari a $\Delta n = \lambda_o K |E_o|^2$, dove λ_o è il valore della lunghezza d'onda nel vuoto. I valori di K dipendono dal mezzo e sono circa $9.4 \times 10^{-14} mV^{-2}$ per l'acqua e $4.4 \times 10^{-12} mV^{-2}$ per il nitrobenzene. Per i cristalli, la suscettività del mezzo è in generale un tensore, e l'effetto Kerr produce delle modifiche nel tensore.

5.2 EFFETTO KERR AC

Al fine di spiegare questo comportamento come un effetto della polarizzazione non lineare consideriamo un campo monocromatico del tipo:

$$\vec{E}(t) = \vec{E}(\omega)e^{-i\omega t} + \vec{E}^*(\omega)e^{i\omega t} \qquad (5.6)$$

Analizziamo ora quali contributi alla polarizzazione del terzo ordine sono prodotti da questo campo. Abbiamo:

$$\vec{P}^{(3)}(t) = \varepsilon_o \chi^{(3)} (\vec{E}(\omega)e^{-i\omega t} + \vec{E}^*(\omega)e^{i\omega t})^3 \qquad (5.7)$$

E quindi la polarizzazione possiede una componente a 3ω e una a ω. Limitiamo l'attenzione a quella di frequenza ω.

$$\vec{P}^{(3)}(\omega) = 3\varepsilon_o \chi^{(3)} |\vec{E}(\omega)|^2 \vec{E}^*(\omega) = 3\varepsilon_o \chi^{(3)} \frac{\langle \vec{E}^2(t) \rangle}{2} \vec{E}(\omega) \qquad (5.8)$$

Se ora sommiamo polarizzazione lineare e non lineare otteniamo:

$$\vec{P}^{(tot)}(\omega) = \varepsilon_o \chi^{(1)} \vec{E}(\omega) + 3\varepsilon_o \chi^{(3)} \frac{\langle \vec{E}^2(t) \rangle}{2} \vec{E}(\omega) = \varepsilon_o \chi_{eff} \vec{E}(\omega) \qquad (5.9)$$

dove: $\chi_{eff} = \chi^{(1)} + \frac{3}{2} \chi^{(3)} \langle \vec{E}^2(t) \rangle$.

Ricordando la relazione che intercorre tra χ ed n:

$$n = (1 + \chi_{eff})^{1/2} = (1 + \chi^{(1)} + \frac{3}{2} \chi^{(3)} \langle \vec{E}^2(t) \rangle)^{1/2} \cong n_0 + \frac{3}{4n_0} \chi^{(3)} \langle \vec{E}^2(t) \rangle$$

$$(5.10)$$

e quindi l'indice di rifrazione dipende dall'intensità. Possiamo definire un indice di rifrazione fatto dalla somma di due contributi: $n(I) = n_0 + n_2 I$, dove I è l'intensità, e:

$$n_0 = (1 + \chi^{(1)})^{1/2} \qquad (5.11)$$

$$n_2 = \frac{3}{2} \frac{\chi^{(3)}}{n_0} \qquad (5.12)$$

5.3 RIFRAZIONE ED ASSORBIMENTO NON LINEARE.

Indaghiamo più in dettaglio che cosa succede quando si ha il termine del terz'ordine degenere, ossia $\chi^{(3)}(\omega; \omega_1, \omega_2, \omega_3) = \chi^{(3)}(\omega; \omega, -\omega, \omega)$, come in effetti è il termine di polarizzazione che stiamo discutendo. L'equazione di propagazione SVEA per il campo monocromatico a frequenza ω ed ampiezza A, nel mezzo con suscettività $\chi^{(3)}$ sarà:

$$\frac{dA}{dz} = i\frac{3\omega}{n_0 c}\chi^{(3)}(\omega;\omega,-\omega,\omega)|A|^2 A \qquad (5.10)$$

dove z è la coordinata nella direzione di propagazione. Infatti, come abbiamo già fatto nel Cap.4 per il secondo ordine, prendiamo la polarizzazione $P^{(3)}(\omega) = \varepsilon_0\chi^{(3)}(\omega;\omega,-\omega,\omega)A(\omega)A^*(\omega)A(\omega)$, che inseriano nell'equazione SVEA:

$$\frac{\partial A}{\partial z} = i\frac{\omega c\mu_o}{n_0}P^{(3)}(\omega) = i\frac{3\omega}{n_0 c}\chi^{(3)}(\omega;\omega,-\omega,\omega)|A|^2 A \qquad (5.11)$$

cioè la 5.10. Ponendo $\chi^{(3)}(\omega;\omega,-\omega,\omega) = \chi_r^{(3)} + i\chi_i^{(3)}$, dividendo in parte reale ed immaginaria, abbiamo

$$\frac{dA}{dz} = i\frac{3\omega}{n_0 c}\left(\chi_r^{(3)} + i\chi_i^{(3)}\right)|A|^2 A . \qquad (5.12)$$

Cerchiamo come soluzione: $A(z) = |A(z)|e^{i\phi(z)}$. L'equazione di propagazione 5.12 diventa:

$$\frac{d}{dz}\left(|A|e^{i\phi}\right) = \frac{3\omega}{n_0 c}\left(i\chi_r^{(3)}|A|^3 e^{i\phi} - \chi_i^{(3)}|A|^3 e^{i\phi}\right)$$

$$\qquad (5.13)$$

$$\Rightarrow \quad \frac{d|A|}{dz} + i|A|\frac{d\phi}{dz} = \frac{3\omega}{n_0 c}\left(i\chi_r^{(3)}|A|^3 - \chi_i^{(3)}|A|^3\right)$$

Perciò ci sono due equazioni, una per l'ampiezza ed una per la fase:

$$\frac{d|A|}{dz} = -\frac{3\omega}{n_0 c} \chi_i^{(3)} |A|^3 \quad ; \quad \frac{d\phi}{dz} = \frac{3\omega}{n_0 c} \chi_r^{(3)} |A|^2 \tag{5.14}$$

Così $\chi_r^{(3)}$ porta alla rifrazione non lineare, mentre $\chi_i^{(3)}$ porta all'assorbimento non lineare.

5.3.1 ASSORBIMENTO NON LINEARE

Moltiplicando l'equazione per l'assorbimento non lineare per $|A|$:

$$|A|\frac{d|A|}{dz} = -\frac{3\omega}{n_0 c} \chi_i^{(3)} |A|^4 \quad = 2\frac{d|A|^2}{dz} \tag{5.15}$$

Poiché l'intensità è data da $I = \frac{n_0 \varepsilon_o c}{2} |A|^2$, si ha

$$\frac{dI}{dz} = -\frac{3\omega}{n_0^2 c^2 \varepsilon_o} \chi_i^{(3)} I^2 \Rightarrow \quad \frac{dI}{dz} = -\beta I^2 \tag{5.16}$$

dove β è il coefficiente di assorbimento, che ha soluzione:

$$I(z) = \frac{I(0)}{1 + \beta I(0)z} \tag{5.17}$$

che dice come si varia l'intensità in funzione dello spessore del campione.

5.3.2 RIFRAZIONE NON LINEARE

L'equazione, $\frac{d\phi}{dz} = \frac{3\omega}{n_0 c} \chi_r^{(3)} |A|^2$ ha soluzione $\phi(z) = \frac{3\omega}{n_0 c} \chi_r^{(3)} |A|^2 z$. E quindi ci troviamo con la seguente soluzione:

$$\vec{E}(z,t) = \vec{A}(z)\cos\left[kz + \phi(z) - \omega t\right] = \vec{A}(z)\cos\left[\left(k + \frac{3\omega}{n_0 c}\chi_r^{(3)}|A|^2\right)z - \omega t\right] \quad (5.18)$$

dove $k = n_0\omega/c = k_o n_0$, e n_o è l'indice di rifrazione lineare, per cui:

$$\vec{E}(z,t) = \vec{A}(z)\cos\left[kz\left(n_0 + \frac{3\chi_r^{(3)}|A|^2}{n_0}\right) - \omega t\right] \quad (5.19)$$

L'indice di rifrazione totale è quindi: $n = n_0 + \dfrac{3\chi_r^{(3)}}{n_0}|A|^2$; $n(I) = n_0 + \tilde{n}_2 I$

dove $\tilde{n}_2 = \dfrac{1}{\varepsilon_o c}n_2$ (vedi Eq. 5.12).

Per un fascio laser Gaussiano osserviamo il fenomeno del "Self-Focusing", ossia il fascio passando nel materiale si focalizza, come se passasse attraverso una lente convergente, e se si ha n_2 negativo allora si ha il "Self-defocusing".

Il self-focusing è uno dei principali fenomeni legati all'indice di rifrazione dipendente dall'intensità. L'intensità di un fascio che si propaga in un mezzo in generale è massima sull'asse di propagazione e decresce radicalmente; per questa ragione l'indice di rifrazione sentito dal fascio è più alto al centro rispetto alla periferia. Considerando la differenza di cammino ottico tra i raggi vicini all'asse e quelli più lontani si può dire che il sistema si comporta come una lente convergente (divergente).

Quando l'effetto del self focusing compensa esattamente la tendenza del fascio ad allargarsi per diffrazione, allora il fascio mantiene costanti le sue dimensioni trasversali, anche su distanze molto più grandi della regione di focalizzazione.

Questo fenomeno è detto "self trapping" e può essere descritto assumendo, per semplicità, con un andamento dell'indice di rifrazione "a scalino". In questa approssimazione si può trattare il fenomeno come la propagazione di un fascio in una fibra step-index.

La condizione di self trapping è però instabile. Una piccola variazione nel profilo trasversale dell'intensità può produrre un aumento dell'indice di rifrazione, che a sua volta, focalizzando il fascio, fa aumentare l'intensità in quel punto. Piccole perturbazioni tendono perciò a crescere velocemente e a causare la focalizzazione del fascio.

5.4 MATERIALI FOTORIFRATTIVI

Con "materiale fotorifrattivo" intendiamo un materiale che mostra un effetto fotorifrattivo, ossia dove il materiale risponde alla luce alterano l'indice di rifrazione. I materiali fotorifrattivi possono essere impiegati in una gran varietà di applicazioni, che includono l'image processing ottico, come il riconoscimento di pattern, l'amplificazione, lo switching ottico, l'olografia dinamica, la modulazione spaziale della luce, e molte altre ancora.

È bene mettere in evidenza che ad applicazioni specifiche corrispondono requisiti specifici cui il materiale deve rispondere. Per esempio, un correlatore ottico richiede un brevissimo tempo di storage e un coefficiente elettro-ottico relativamente grande.

I materiali fotorifrattivi possono essere inorganici ed organici. L'effetto fotorifrattivo è stato riscontrato in diversi ossidi e semiconduttori. Il primo materiale in cui l'effetto fu osservato è il niobato di litio ($LiNbO_3$). Altri materiali fotorifrattivi studiati in letteratura sono, ad esempio, il titanato di bario ($BaTiO_3$), l'ossido di silicio e bismuto ($B_{12}SiO_{20}$), l'arseniuro di gallio (GaAs), il niobato di potassio ($KNbO_3$) e il niobato di stronzio e bario (SBNb).

I materiali fotorifrattivi organici possono essere divisi in tre classi: cristalli liquidi, polimeri compositi e miscele cristalli liquidi/polimeri, e compositi vari. Un polimero fotorifrattivo composito è usualmente costituito da un polimero fotoconduttivo drogato con un cromoforo otticamente non lineare (NLO), per permettere la risposta elettro-ottica, e una piccola quantità di attivatore ottico che faciliti la fotogenerazione di cariche. I polimeri fotorifrattivi compositi presentano notevoli vantaggi rispetto ai cristalli inorganici fotorifrattivi. In generale essi hanno un coefficiente elettro-ottico maggiore ed eventualmente un contributo orientazionale dei cromofori NLO.

Per quanto riguarda i cristalli liquidi nematici, essi vengono addizionati di un cromoforo. In questo caso si ottiene l'effetto Pockels. Il cromoforo drogante è dotato di risposta non lineare, ha una forma a bastoncino (rod-like) e un momento dipolare permanente. In virtù della nonlinearità, se tutti i cromofori sono orientati in maniera non-centrosimmetrica la suscettività di second'ordine macroscopica è diversa da zero (effetto Pockels). Se essi sono disordinati, solo i termini dispari dello sviluppo sopravvivono (effetto Kerr). In generale, la variazione dell'indice di rifrazione in un mezzo fotorifrattivo ha luogo per effetto elettro-ottico, ma questo processo avviene con caratteristiche molto diverse secondo il tipo di materiale in studio.

Nei cristalli inorganici non centrosimmetrici sono presenti sia l'effetto Pockels sia l'effetto Kerr, ma la variazione dell'indice di rifrazione avviene per effetto Pockels, perché l'effetto Kerr è trascurabile. La risposta non lineare è di natura puramente elettronica. Nei polimeri drogati anche qui sono presenti effetto Pockels ed effetto Kerr, ma la variazione e l'indice di rifrazione avviene per effetto Pockels dovuto a ogni singola molecola orientata.

5.4.1 L'EFFETTO POCKELS

L'effetto Pockels, o effetto elettro-ottico Pockles, si ha quando si produce birifrangenza in un mezzo ottico, birifrangenza indotta da un campo elettrico costante o variabile. Si distingue dall'effetto Kerr perché la birifrangenza è proporzionale al campo elettrico, mentre nell'effetto Kerr essa è quadratica rispetto al campo. L'effetto Pockels si ha solo nei cristalli che non hanno la simmetria per inversione, come il niobato di litio o l'arseniuro di gallio, e in altri mezzi non centrosimmetrici come i polimeri polarizzati da un campo elettrico o i vetri. Friederich Carl Pockels studiò l'effetto nel 1893.

L'effetto Pockels è usato per realizzare le celle Pockels, che sono lamine d'onda controllate dalla tensione. Il campo elettrico può essere applicato al mezzo cristallino sia longitudinalmente sia trasversalmente al raggio luminoso. Le celle Pockels longitudinali necessitano di elettrodi trasparenti o ad anello. Una cella trasversale invece consiste in due cristalli orientati in modo opposto. Questa cella non è ottimale perché l'allineamento varia con la temperatura.

Le celle Pockels sono usate in una varietà di applicazioni scientifiche e tecniche. Un esempio è la cella Pockels, associata ad un polarizzatore: la veloce commutazione che si può avere fra una rotazione ottica nulla ed una rotazione ottica di 90° crea un otturatore in grado di "aprirsi" e "chiudersi" in tempi dell'ordine del nanosecondo. La stessa tecnica può essere usata per memorizzare l'informazione attraverso la modulazione della rotazione del fascio fra 0° e 90°; l'intensità del fascio uscente, quando viene osservata attraverso il polarizzatore, presenta una modulazione di ampiezza. Le celle Pockels possono essere usate per la distribuzione dei fotoni polarizzati nei dispositivi quantici.

5.5 FOUR-WAVE MIXING

Assumiamo la presenza in un mezzo dielettrico di tre campi elettromagnetici che interagiscono per produrne un quarto. Questa discussione ci aiuta a capire i vari processi che accadono nel "four-wave mixing". Immaginiamo di avere inizialmente un solo campo nel dielettrico. Questo campo produce una polarizzazione oscillante che diventa sorgente di onde, sfasate per via dello smorzamento dei dipoli oscillanti. La presenza di un secondo campo produce anch'essa un'azione forzante sulla polarizzazione del dielettrico.

Come abbiamo già discusso, con due onde applicate al materiale, si ottiene la produzione delle frequenze somma e differenza. Se applichiamo un altro campo ancora, anch'esso si troverà a forzare la polarizzazione. Ma a questo punto nascono dei battimenti sia con i due campi applicati che con i due campi somma e differenza. Questi battimenti originano il quarto campo del processo di "four-wave mixing". L'interazione di base è semplice, ma il numero di processi prodotti è molto grande.

Il metodo tradizionale è quello di ricorrere allo sviluppo in serie:

$$\vec{P} = \varepsilon_o \chi^{(1)} \vec{E} + \varepsilon_o \chi^{(2)} \vec{E}\vec{E} + \varepsilon_o \chi^{(3)} \vec{E}\vec{E}\vec{E} + ... \qquad (5.20)$$

dove si assume che le suscettività decrescano al crescere dell'ordine di modo che la serie sia convergente. Il tensore della suscettività del terzo ordine è responsible dei processi four-wave mixing. In generale, $\chi^{(3)}$ è un tensore di rango 4 con 81 elementi. La forma generale della polarizzazione che è coinvolta nel processo di four-wave mixing può essere scritta come:

$$\vec{P}(\omega_4,\vec{r}) =$$
$$= \varepsilon_o \chi^{(3)}(-\omega_4,\omega_1,-\omega_2,\omega_3)\vec{E}(\omega_1)\vec{E}^*(\omega_2)\vec{E}(\omega_3)e^{i(\vec{k}_1-\vec{k}_2+\vec{k}_3)\cdot\vec{r}-i\omega_4 t} + c.c.$$

$$(5.21)$$

La non linearità procude l'accoppiamento tra le quattro onde, ciscuna con la sua direzione di propagazione, polarizzazione e frequenza. Questa espressione chiarisce la natura del processo che stiamo studiando; infatti vediamo che funziona come il problema che abbiamo studiato nel capitolo precedente. Siccome negli esperimenti si misura l'intensità del campo, il segnale che si osserva è proporzionale a $|\chi^{(3)}|^2$, al prodotto delle initesità di tre campi ed al fattore di "phase matching".

Se la polarizzazione (5.21) è introdotta nella equazione di Maxwell abbiamo un sistema di quattro equazioni vettoriali accoppiate. Separiamo il tensore del four-wave mixing χ^{NL}_{1234} dagli altri contributi alla suscettività non lineare χ^{NL} e introduciamo il mismatch come:

$$\Delta kz \equiv (\vec{k}_1 - \vec{k}_2 + \vec{k}_3)\cdot\vec{r} \tag{5.22}$$

Le equazioni da risolvere nella slowly varying envelope approximation sono:

$$\frac{\partial\vec{E}_1}{\partial z} + \frac{1}{\omega_1}\frac{\partial\vec{E}_1}{\partial t} = i\frac{\omega_1}{n_1 c}[\chi^{NL}_{1234}\vec{E}_2\vec{E}_3^*\vec{E}_4 e^{-i\Delta kz} + \sum_{j=1}^{4}\chi^{NL}_{1j}\vec{E}_1\vec{E}_j\vec{E}_j^*] \tag{5.23a}$$

$$\frac{\partial\vec{E}_2}{\partial z} + \frac{1}{\omega_2}\frac{\partial\vec{E}_2}{\partial t} = i\frac{\omega_2}{n_2 c}[\chi^{NL}_{1234}\vec{E}_1\vec{E}_3\vec{E}_4^* e^{i\Delta kz} + \sum_{j=1}^{4}\chi^{NL}_{2j}\vec{E}_2\vec{E}_j\vec{E}_j^*] \tag{5.23b}$$

$$\frac{\partial \vec{E}_3}{\partial z} + \frac{1}{\omega_1} \frac{\partial \vec{E}_3}{\partial t} = i \frac{\omega_3}{n_3 c} [\chi_{1234}^{NL} \vec{E}_1^* \vec{E}_2 \vec{E}_4 e^{-i\Delta kz} + \sum_{j=1}^{4} \chi_{3j}^{NL} \vec{E}_3 \vec{E}_j \vec{E}_j^*] \qquad (5.23c)$$

$$\frac{\partial \vec{E}_4}{\partial z} + \frac{1}{\omega_4} \frac{\partial \vec{E}_4}{\partial t} = i \frac{\omega_4}{n_4 c} [\chi_{1234}^{NL} \vec{E}_1 \vec{E}_2^* \vec{E}_3 e^{i\Delta kz} + \sum_{j=1}^{4} \chi_{4j}^{NL} \vec{E}_4 \vec{E}_j \vec{E}_j^*] \qquad (5.23d)$$

Per risolvere queste equazioni si ricorre in genere a delle approssimazioni. Si considera la soluzione con onde piane e che il trasferimento di inergia dai campi di input alla quarta frequenza sia una frazione trascurabile dell'enegia totale dei campi. Un accoppiamento efficiente tra le onde si ha quando:

$$\omega_4 = \omega_1 - \omega_2 + \omega_3 \quad ; \quad \vec{k}_4 = \vec{k}_1 - \vec{k}_2 + \vec{k}_3 \qquad (5.24)$$

energia e quantità di moto sono entrambi conservati.

Una maniera equaivalente di capire queste condizioni è di pensare che il trafoerimento di energia è un processo coerente e che quindi le quattro onde devono mantenete costante la fase relativa per evitare l'interferenza distruttiva. Questa condizione è la richiesta di phase matching, ossia $\Delta kz = 0$. Quando si ha un grosso mismatch, il campo in uscita è completamente disaccoppiato dai campi in ingresso. $\Delta kz = 0$ si ottiene se lo spessore del materiale è piccolo, oppure si scelgono vettori d'onda molto piccoli. Lo schema seguente rappresneta la situazione con mismatch in alto e con il matiching perfetto tra i vettori d'onda (in basso).

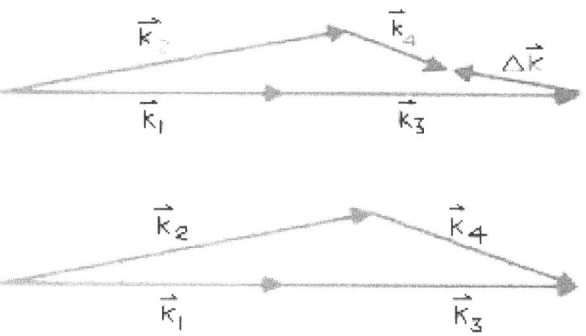

Schema di mismatch e matching della fase.

La condizione sui vettori, imposta dal phase matching, è responsabile dell'alta direzionaniltà dei segnali prodotti dal four-wave mixing e della facilità di separare i campi in uscita.

Tra i processi a quattro onde, il più comune è il processo CARS (Coherent anti-Stokes Raman spectroscopy). I processi CARS hanno due campi di imput con frequenze angolari ω_1, ω_2 con $\omega_1 > \omega_2$. Due fotoni a frequenza ω_1 interagiscono con un singolo fotone a frequenza ω_2 per creare un campo di output a frequenza angolare pari a $2\omega_1 - \omega_2$. Poiché ci sono solo due fasci di input, il phase matching è ottenuto selezionando gli angoli relativi tra i due fasci. Il vantaggio principale del processo CARS è che il segnale prodotto è intenso. Per via dell'efficiente trasferimento di energia, il CARS può essere molto più sensibile del relativo processo spontaneo.

Appendice
OSCILLATORI NON LINEARI

Le oscillazioni libere sono soluzioni dell'equazione dinamica:

$$y'' + gy' + \omega_0^2 y = 0$$

dove g è lo smorzamento e ω_0 la frequenza naturale. La soluzione:

$$y = y_1 e^{-\frac{gt}{2}} \cos\{\omega t - \Phi\}$$

è una vibrazione smorzata, con ω molto prossima alla frequenza naturale ω_0.
Le vibrazioni forzate avvengono alla frequenza forzante e l'equazione è:

$$y'' + gy' + \omega_0^2 y = \sum_i E_i \cos\{\omega_i t\} \tag{1}$$

dove il termine $\sum_i E_i \cos\{\omega_i t\}$ è il termine forzante. (1) ha soluzione stazionaria
data da:

$$y = \sum_i y_i \cos\{\omega_i t - \Phi_i\}$$

dove l'ampiezza è: $\quad y_i = \dfrac{E_i}{\left[\left(\omega_i^2 - \omega_0^2\right)^2 + \omega_i^2 g^2\right]^{1/2}} \quad$ e la fase è:

$$\Phi_i = \tan^{-1} \frac{g\omega_i}{\omega_i^2 - \omega_0^2}$$

che è zero se $g = 0$. L'equazione dell'oscillatore libero non lineare è invece:

$$y'' + gy' + \omega_0^2 y + a_2 y^2 + a_3 y^3 = 0$$

se consideriamo solo i termini del secondo e terzo ordine. La condizione $\omega_0^2 y \gg a_2 y^2, a_3 y^3$ ci permette di applicare un metodo perturbativo. Per illustrare il metodo prendiamo:

$$y'' + \omega_0^2 y + a_2 y^2 + a_3 y^3 = 0 \tag{2}$$

Considero il termine $y'' + \omega_0^2 y = 0$. La sua soluzione è $y_1 \cos\{\omega_1 t\}$, che è la soluzione al primo ordine. Sostituiamo nell'equazione 2 ed otteniamo:

$$y'' + \omega_0^2 y = -a_2 y_1^2 \cos^2\{\omega_1 t\} - a_3 y_1^3 \cos^3\{\omega_1 t\} = 0$$

Usiamo le identità:

$$\begin{cases} 2\cos^2 \vartheta = 1 + \cos 2\vartheta \\ 4\cos^3 \vartheta = \cos 3\vartheta + 3\cos \vartheta \end{cases}$$

E si ha quindi la seguente equazione:

$$y'' + \omega_0^2 y = -\frac{1}{2} a_2 y_1^2 - \frac{1}{4} 3 a_3 y_1^3 \cos\{\omega_1 t\} - \frac{1}{2} a_2 y_1^2 \cos\{2\omega_1 t\} - \frac{1}{4} a_3 y_1^3 \cos\{3\omega_1 t\}$$

$$\tag{3}$$

la cui soluzione è:

$$y = y_0 + y_1 \cos\{\omega_1 t\} + y_2 \cos\{2\omega_1 t\} + y_3 \cos\{3\omega_1 t\}.$$

Essa viene sostituita nell'equazione (3):

$$- \omega_1^2 y_1 \cos\{\omega_1 t\} - 4\omega_1^2 y_2 \cos\{2\omega_1 t\} - 9\omega_1^2 y_3 \cos\{3\omega_1 t\} +$$

$$\omega_0^2 \{y_0 + y_1 \cos\{\omega_1 t\} + y_2 \cos\{2\omega_1 t\} + y_3 \cos\{3\omega_1 t\}\} =$$

$$= -\frac{1}{2}a_2 y_1^2 - \frac{3}{4}a_3 y_1^3 \cos\{\omega_1 t\} - \frac{1}{2}a_2 y_1^2 \cos\{2\omega_1 t\} - \frac{1}{4}a_3 y_1^3 \cos\{3\omega_1 t\}$$

Eguagliando i termini, si ottiene:

$$y_0 = -\frac{a_2 y_1^2}{2\omega_0^2}$$

Il termine del secondo ordine sposta il centro della vibrazione.
Dal termine:

$$\cos\{\omega_1 t\}\left[-\omega_1^2 y_1 + \omega_0^2 y_1 + \frac{3}{4}a_3 y_1^3 \right] = 0$$

Si ha: $\omega_1^2 = \omega_0^2 + \frac{3}{4}a_3 y_1^2$

Il termine di terzo ordine produce un aumento di frequenza. Dal termine:

$$\cos\{2\omega_1 t\}\left[-4\omega_1^2 y_2 + \omega_0^2 y_2 - \frac{1}{2}a_2 y_1^2 \right] = 0$$

Si ha: $y_2 = -\dfrac{a_2 y_1^2}{2(\omega_0^2 - 4\omega_1^2)}$

E per finire:

$$\cos\{3\omega_1 t\}\left[-9\omega_1^2 y_3 + \omega_0^2 y_3 - \frac{1}{4}a_3 y_1^3\right]$$

da cui:

$$y_3 = -\frac{a_3 y_1^3}{4(\omega_0^2 - 9\omega_1^2)}$$

Vediamo ora l'oscillatore forzato con solo il secondo ordine di non linearità. Svolgendo i conti in modo analogo al caso precedente:

$$y'' + gy' + \omega_0^2 y + a_2 y^2 = E_0 \cos(\omega t)$$

dove: $y = y_1 \cos\{\omega t + \phi\}$

è la soluzione all'ordine più basso. La soluzione è quindi:

$$y = y_0 + y_1 \cos\{\omega t + \phi\} + y_2 \cos\{2(\omega t + \phi)\}$$

con

$$y_0 = -\frac{a_2 y_1^2}{2\omega_0^2} \qquad ; \qquad y_1 = \frac{E_0}{\sqrt{\left(\omega^2 - \omega_0^2\right)^2 - g^2\omega^2}} \qquad ; \qquad y_2 = \frac{a_2 y_1^2}{2(4\omega^2 - \omega_0^2)} \qquad ;$$

$$\Phi = \tan^{-1}\left[-\frac{g\omega}{\omega_0^2 - \omega^2}\right]$$

Se $\omega \gg \omega_0$ e lo smorzamento trascurabile, si ha:

$$y_0 = -\frac{a_2 y_1^2}{2\omega_0^2} = -\frac{a_2 E_0^2}{2\omega_0^2 \omega^2} \quad ; \quad y_1 = \frac{E_0}{\omega^2} \quad ; \quad y_2 = \frac{a_2 y_1^2}{8\omega^2} = a_2 \frac{E_0^2}{8\omega^6}$$

RIFERIMENTI BIBLIOGRAFICI

G.P. Agrawal and R.W. Boyd, Contemporary Nonlinear Optics, Academic Press (1992)

N. Bloembergen, Nonlinear Optics (Reprint), Addison-Wesley (1992)

R. W. Boyd, Nonlinear Optics, Academic Press (1991)

D.J. Hagan, P.G. Kik, Fundamentals of Optical Science, Lecture Notes, 2008, CREOL University of Central Florida.

Guang S. He, Song H. Liu, Physics of Nonlinear Optics, World Scientific (1999)

F. Jonsson, Lecture Notes on Non linear Optics, 2003, Royal Institute of Technology, Stockholm.

L. Nzuzi Mbenza, Non linear optics and application to second order processes, Essays AIMS Postgraduate Diploma 2006, AIMS, Cape Town, South Africa.

Y. R. Shen, Principles of Nonlinear Optics, Wiley (1984)

C W. Thiel, Four-Wave Mixing and its Applications (2008)

W .Ubachs, Non linear Optics, Lecture Notes,2001, VRIJE, University of Amsterdam.

A. Yariv, Optical Electronics (4th edition), HRW/Saunders (1991)

A. Yariv and Poochi Yeh, Optical Waves in Crystals: Propagation and Control of Laser Radiation, Wiley (1983)

www.ingramcontent.com/pod-product-compliance
Lightning Source LLC
Chambersburg PA
CBHW081053170526

45165CB00006B/2265